公路建设项目环保投资效益分析

吴世红　主　编

李美玲　邓景成　李皑菁　罗小凤　副主编

人民交通出版社股份有限公司

北　京

内 容 提 要

本书较为系统地介绍了我国公路建设项目环保投资状况、效益及问题。全书共7章。第1章为背景,主要介绍我国公路建设产生的环境问题;第2、3章引出公路建设环保投资概述、投资结构分析和管理;第4~6章深入分析公路建设环保投资效益基本概念、分类体系及其费用分析方法;第7章总结梳理公路建设环保投资及其效益的问题对策。本书在编写上力求系统性和实用性相结合,从基础理论出发,引申独特见解,并附以作为理论实践的工程案例。

本书可供从事公路工程研究、工程设计、工程管理、工程施工等领域研究或从业人员使用,亦可作为环境保护领域相关人员的参考书。

图书在版编目(CIP)数据

公路建设项目环保投资效益分析 / 吴世红主编. —
北京:人民交通出版社股份有限公司, 2023.10
ISBN 978-7-114-19034-6

Ⅰ.①公… Ⅱ.①吴… Ⅲ.①道路工程—基本建设项目—环保投资—经济效益 Ⅳ.①X196

中国国家版本馆CIP数据核字(2023)第199730号

Gonglu Jianshe Xiangmu Huanbao Touzi Xiaoyi Fenxi

书　　名: 公路建设项目环保投资效益分析
著 作 者: 吴世红
责任编辑: 郭晓旭
责任校对: 孙国靖　宋佳时
责任印制: 张　凯
出版发行: 人民交通出版社股份有限公司
地　　址: (100011)北京市朝阳区安定门外外馆斜街3号
网　　址: http://www.ccpcl.com.cn
销售电话: (010)59757973
总 经 销: 人民交通出版社股份有限公司发行部
经　　销: 各地新华书店
印　　刷: 北京虎彩文化传播有限公司
开　　本: 720×960　1/16
印　　张: 9
字　　数: 161千
版　　次: 2023年10月　第1版
印　　次: 2023年10月　第1次印刷
书　　号: ISBN 978-7-114-19034-6
定　　价: 58.00元

《公路建设项目环保投资效益分析》

编 委 会

前　　言

改革开放四十多年来，我国公路得到空前的发展，全国公路通车里程、公路密度、公路建设年投资规模均达到了较高的水平，处于国际前列。同时，公路建设势必对生态环境带来较大影响，科学合理的公路建设环保投资对于降低交通污染、改善沿线居民生活质量、改善全国整体环境状况具有重要意义。但在我国公路建设高速发展过程中，环保工作并未得到同步发展，两者不协调现象是制约我国公路建设绿色高质量发展的重要因素。究其原因，一是公路建设者环保理念尚需提升，环保投资比重低于国际平均水平；二是我国公路建设环保投资的理论体系和工程实践等研究相对缺失，粗放式的公路建设环保投资管理难以发挥真正的实效。

本书基于国内外关于公路建设环保投资的相关研究及工程实践，围绕公路建设项目环保投资及其效益，梳理总结基础理论体系、我国管理现状以及主要影响因素，并侧重对其中涉及的效益费用量化过程进行详细说明，为我国公路建设项目环保投资提供借鉴指导。第1章主要概述我国公路建设产生的环境问题及环保重要性；第2、3章主要介绍我国公路建设环保投资概念、投入度量化算法及投资结构和管理现状；第4~6章着重从基础理论、投资现状及效益费用量化方法三个方面对我国公路建设环保投资效益展开论述；第7章主要通过探讨现阶段我国公路建设环保投资面临的问题，提出切实可行的解决措施。

本书是在作者承担项目所取得成果的基础上撰写而成的。编写过程中得到了许多人大力支持与帮助，在此向所有参与本书编写的人员表示深深的谢意！另外，要特别感谢参考文献中所列专著、教材和高水平论文的作者们。正是他们的优秀作品提供了丰富的营养，使本书能够在科研与工作实践中汲取各家之所长，形成一本具有特色的专著。

我国公路建设项目环保投资相关研究尚在探索完善中，随着我国生态环境保护工作进入新阶段，对公路建设项目的环保要求将进一步提升。因此，本书中提及的基础理论、量化算法还需要在实践中加以完善，仅供读者参考。同时，由于时间和水平有限，书中的疏漏和错误都在所难免，恳请批评指正。

吴世红

2023年8月

目　录

第1章　绪　　论

公路建设水平是一个国家或地区经济提升的重要基础条件。为满足经济发展需要,我国公路建设得到了空前发展,但前期以经济发展至上的粗放型发展模式,势必给公路沿线生态环境和社会人文带来一定的影响。本章从我国公路通车里程、公路网近远期规划方案等方面切入,展现了我国公路建设的空前发展历程,揭示出公路建设带来的生态损害、环境污染、社会人文环境破坏等问题,阐明公路环境保护对降低交通污染、改善沿线居民生活质量和路域整体环境状况的重要性。

1.1　我国公路发展概况

公路交通以其灵活、快捷、方便、覆盖面宽、通达深度广等特点,成为现代交通运输体系的主要组成部分。公路是国民经济的重要基础设施,是社会及经济高速、健康、持续发展的生命线。它对促进经济和社会发展、加强国防建设、提高综合国力和人民生活水平等都具有重要作用,并在一定程度上标志着一个国家或地区社会经济的发展水平。改革开放的四十多年是我国国民经济迅猛发展的时期,同时也是我国历史上公路发展最快的时期。

根据交通运输部发布的《2022 年交通运输行业发展统计公报》中统计数据,截至 2022 年底,全国公路通车总里程达 535.48 万 km,是 1978 年的 6.1 倍;公路密度(每百平方公里所拥有的公路总里程数)为 55.78km/100km^2,是 1978 年的 4.9倍;国省干线公路联结了全国县级及以上行政区,农村公路通达 99.99%的乡镇和 99.98%的建制村;公路建设年投资规额由 1978 年的 4.9 亿元增长至 2022 年的 28527 亿元,增长率达 648 亿元/年。如图 1-1 所示为近三十年我国公路通车里程的发展历程(数据来源于历年发布的交通运输行业发展统计公报、公路水路交通行业发展统计公报、全国年度统计公报等)。

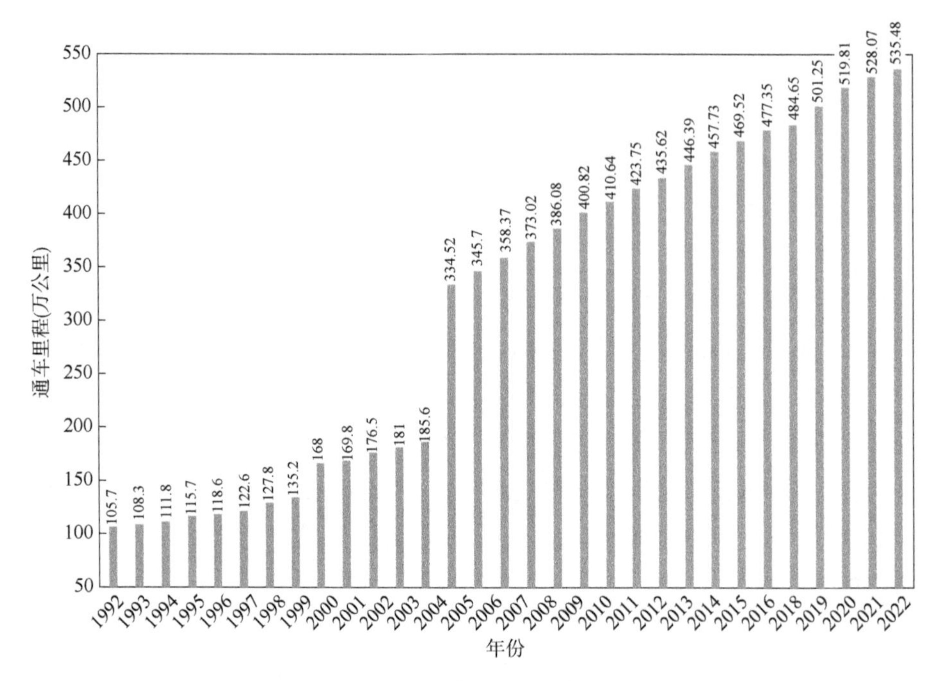

图 1-1　我国公路通车里程发展情况

这一时期,我国高速公路建设的发展是空前的。截至 2022 年底,我国高速公路总里程达 17.73 万 km,居世界第一位,覆盖了 97%的 20 万以上人口城市及地级行政中心。如图 1-2 所示为近三十年我国高速公路的发展历程,数据来源于历年发布的交通运输行业发展统计公报、公路水路交通行业发展统计公报等。

为满足经济发展需要,我国公路网规划方案也在不断调整。1981 年,国家印发的《国家干线公路网(试行方案)》明确,国道由“12 射、28 纵、30 横”共 70 条路线组成,总规模约 11 万 km。2004 年,国务院审议通过了《国家高速公路网规划》,提出国家高速公路网采用放射线与纵横网格相结合的布局形态,构成由中心城市向外放射以及横联东西、纵贯南北的公路交通大通道,包括 7 条首都放射线、9 条南北纵向线和 18 条东西横向线,简称“7918 网”。随着经济社会的快速发展,为解决国家公路网规划覆盖范围不全面、运输能力不足和网络效率不高的问题,2013 年国家编制了《国家公路网规划(2013—2030 年)》,规划公路网总规模 40.1 万 km,由普通国道网和国家高速网组成。其中普通国道网由 12 条首都放射线、47 条北南纵线、60 条东西横线和 81 条联络线组成,总规模约 26.5 万 km;国家高速公路网在“7918 网”布局基础上,新增 2 条南北纵线,形成“71118”布局,并补充联结新增 20

万以上城镇人口城市、地级行政中心、重要港口和重要国际运输通道。

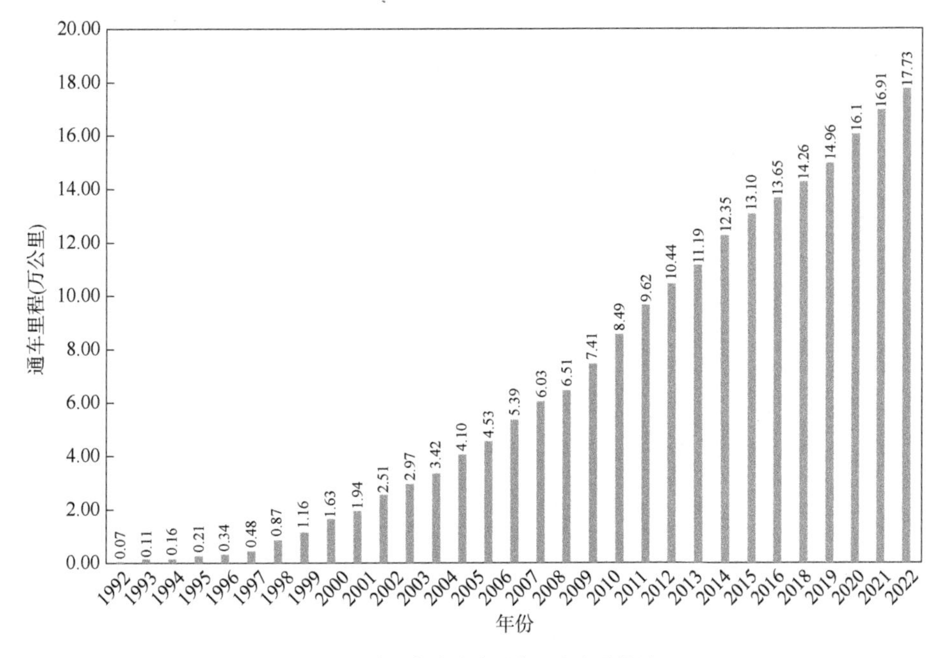

图 1-2　我国高速公路通车里程发展情况

目前,我国公路建设本着布局合理、结构优化、衔接顺畅、规模适当、绿色发展的原则,以形成布局合理、功能完善、覆盖广泛、安全可靠的国家干线公路网络为目标,逐步走上系统化、网络化、可持续的高质量发展道路,为我国社会经济高质量发展创造有利条件。

1.2　公路建设所产生的环境问题

公路与环境密切相关,会对沿线自然生态环境和社会环境产生诸多影响,尤其在施工期、运营期等公路建设运营全过程会产生环境污染。因此,公路建设会产生生态环境破坏、环境污染和社会环境影响,如图 1-3 所示。

1.2.1　生态环境影响

对生态环境的影响主要指人为因素使生态系统的结构与功能失调。公路建设项目将对沿线生态环境产生破坏和过度干扰,主要表现在土地占用、植被破坏、水土流失、生物多样性减少和景观及生态敏感区影响等方面。

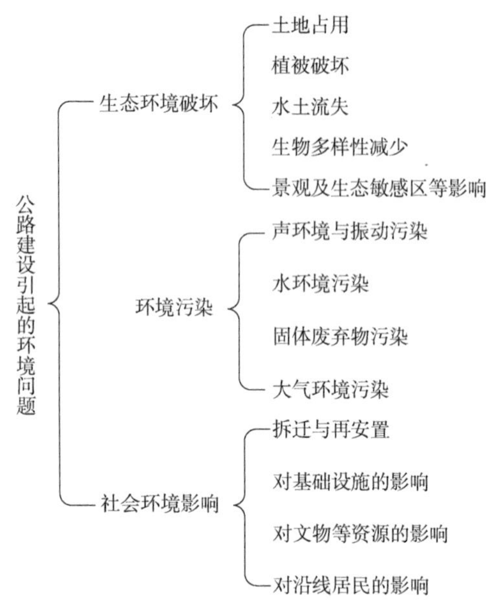

图 1-3　公路建设引起的环境影响问题

1)土地占用

土地资源是自然环境资源的重要组成部分,是不可替代的生产要素。土地是矿物质的储存场所。它能生长草木和粮食,也是人类、野生动物和家畜的栖息所,是重要的生命支持系统。根据《中国统计年鉴(2022)》,截至 2019 年,我国人均耕地面积仅 1.6 亩[1],不足世界人均耕地面积的 50%,公路的修建要压占、征用、破坏大面积的土地。公路的占地包括永久性占地和临时用地,据有关统计资料显示:一般公路占地 1.3~2.7hm^2/km,高速公路在平丘地区可达 8.0~10.7hm^2/km。根据《公路工程技术标准》(JTG B01—2004),双向四车道高速公路平均占地达 2.67hm^2/km^2,双向八车道高速公路平均占地达 4.24hm^2/km^2,且高速公路用地范围为 50~100m 的带状地带,对土地资源占用往往是永久性的。截至 2022 年底,我国高速公路通车里程已达 17.73 万 km,大量占用了土地资源。

2)植被破坏

公路建设将对地表植物产生直接破坏,主要表现为以下几个方面:

[1] 1 亩≈666.67m^2。

(1)公路工程永久性征用土地,将破坏原有植被。

(2)施工期临时用地,包括施工便道、拌和场、施工营地和预制场,以及取、弃土场等。一般公路建设取、弃土方量都较大,公路取、弃土作业将使原有地表植被遭到破坏。

(3)施工机械、人员等因素。施工期由于筑路材料运输、机械碾压及施工人员践踏,破坏了施工作业区周围土壤及地表部分植被的物理架构,造成植物生长不良甚至枯死。

(4)施工过程中堆积的水泥、石灰等材料及施工废水改变周边农田水体水质,有害物质渗入土壤,降低土壤肥力,影响农作物产量。

3)水土流失

水土流失是指在水流作用下,土壤被侵蚀、搬运和沉淀的整个过程。水土流失增加是生态环境不断恶化的象征。公路工程在施工阶段会产生局部的水土流失现象。在公路建设过程中,由于路基工程的施工、开挖或填筑,造成局部地形的改变和植被的破坏,产生了挖方边坡、填方边坡以及不规范、不保护的取、弃土场等。这些新产生的坡面,若在施工期间不能得到很好的保护,将会造成较为严重的水土流失。

4)生物多样性的减少

公路建设需要占用大量的土地资源,破坏原有的植被和生境,导致生境碎片,造成生物资源的减少。公路建设过程中产生大量的水土流失。这些流失的土壤将在下游的河流、湖泊等水域中沉积,以至将覆盖水生生物的产卵和繁殖场所。公路建设还会使河流改道或水文条件发生变化,导致生物的生存环境产生改变,甚至使一些生物消失。施工中大量的弃渣对生长在公路两侧的动植物的活动场所也会产生影响。公路对野生动植物产生阻隔影响,产生"廊道效应",破坏动植物的生存环境质量,如动物有时会与快速行驶的车辆相撞而引起伤亡。随着公路的开通,人类活动到达区域不断增大,增加了对珍稀动植物保护的潜在风险。

5)景观及生态敏感区影响

公路的建设不同程度地会破坏原有的自然风貌,造成一些自然环境景观的损失和破坏。有的公路穿过自然保护区、湿地等生态敏感点,破坏了原有的自然人文景观协调性和生态恢复能力,对其产生了一定的影响。

1.2.2 环境污染影响

1)声环境与振动

公路建设项目施工期机械及爆炸、工程材料运输等施工过程产生的噪声与振动,不仅影响操作人员,而且对周围的居民、学校及医院等环境敏感点人员正常的工作、学习和生活产生干扰。

运营期公路噪声更是会大区域、长时间的影响公路两侧居民的正常生活,尤其是对公路两侧200m范围内影响较大。公路运营期交通噪声主要来源于汽车发动机声音、喇叭声声等机械噪声以及轮胎与路面摩擦的声音,与交通量、车速、道路坡度、路面平整度等因素有关。

2)水环境

公路工程会改变地表径流的自然状态。公路的阻隔作用使地表径流汇水流域发生改变,加快水流速度,导致土壤侵蚀加剧以及下游河段淤塞,甚至会导致洪水的发生。在公路施工过程中,营地中生活污水的任意排放及随意丢弃的生活垃圾,桥涵隧道施工产生的泥沙、废渣、废水及机械设备的废油排放,以及拌和场、预制场等施工场地的废水排放均会对水体造成污染。运营期服务站区的生活污水如果得不到很好的处理,也将污染周围环境。另外,交通事故造成的危化产品泄漏也将给道路周围水体和土壤带来较大的危害。

3)固体废弃物

公路建设项目施工期会废弃大量的固体材料,不及时收置,散落在施工场地周边,进而会造成土壤与河流的污染。高速公路运营期间,服务区产生的生活垃圾处理不当,不仅侵占周边土地资源,还会滋生蚊蝇、老鼠等有害生物,并携带细菌,长此以往就会污染水体和土壤。

4)大气环境

公路建设对大气环境的影响,在施工期主要表现为筑路材料装卸搅拌等公路施工作业引起的扬尘,以及沥青烟尘、施工机械的尾气等对大气环境的污染;在运营期主要表现为汽车等运输工具排放尾气对大气环境的污染,污染物主要为一氧化碳、碳氢化合物、氮氧化物、二氧化硫、含铅化合物,以及一些颗粒物。影响的程度受气象、地形等诸多因素影响。

1.2.3 社会环境影响

公路建设项目对沿线一定范围内社会环境的影响是不可忽视的,有时还比较严重。主要有如下几种:

1)拆迁与再安置

公路项目由于路线较长、跨越的地域较广等原因,往往带来地表建筑物不同程度的拆迁以及人员再安置问题,处理不当可能会影响居民的正常生活。

2)对基础设施的影响

公路建设前期的"三通一平"和施工全过程会对沿线的通信、水利排灌、电力等基础设施产生一定影响。

3)对文物等人文资源的影响

公路建设对沿线文物、旅游、矿产等资源都会产生干扰,当前比较突出的是对文物资源的影响。

4)对沿线居民的影响

公路项目施工期和运营期由于噪声等污染,将影响公路两侧居民的正常工作、学习和生活。公路的阻隔效应也将影响居民的生产、生活和工作,从而改变沿线居民的人口结构。

相比其他建设项目来说,公路作为一种线状人工构筑物,其建设项目线长面广,污染宽度为两侧一定范围,单向污染距离较大,环境影响形态沿公路延伸方向呈带状分布。公路建设项目对环境影响具有很强的时效性,在施工期和运行期区别很大。施工期的环境影响贯穿项目施工过程的始末,并随着施工强度和阶段变化而变化,并随施工结束而逐渐消失;运营期的影响则贯穿道路生命周期,呈现出随通车流量变化而流动变化的特点。

1.3 公路环境保护的重要性

公路项目对环境造成了较大的影响,做好公路建设项目的环境保护工作有着重大的现实意义。

1.3.1 有利于降低交通污染,改善沿线居民的生活质量

2022年我国公路货物运输量达371.19亿t,占全国总货运量的73.3%以上,

远远超过铁路、民航、水运等其他运输方式。如此大的运输量也需要大规模的公路建设与之支撑。公路建设中及运营后产生的噪声、震动、废气、废水和固体废弃物等,必将对沿线居民的生活质量产生重大影响。据统计,在各种噪声源中,公路运输噪声占噪声总量的60%,且所占比例逐年增加。我国现有高速公路中很大一部分经过城镇,建于20世纪后期的80%左右的高速公路建设过程均忽视了噪声污染问题,交通干线两侧环境噪声超过国家标准,局部路段超标严重。据初步测算,我国有3390万人受到公路噪声影响,其中2700万人生活在高于70dB的噪声严重污染的环境中。做好公路环境保护工作可以大大改善公路沿线居民的生活质量。

1.3.2 有利于改善我国的整体环境状况

我国是受公路交通环境有害影响最严重的国家之一。专家指出,我国人为造成的水土流失中,公路工程要比铁路、水电工程更严重。据调查分析,仅长江中下游地区由于公路建设每年新增加水土流失在5000万t以上。仅四川省每年因公路建设新增水土流失可达2678万t。交通噪声也是我国噪声污染的主要来源。由此可见,做好公路环境保护工作对我国整体环境的改善具有重要意义。

做好公路交通的环境保护工作,很重要的一项措施就是投入合适的环境保护资金,合理地使用这部分投资。“巧妇难为无米之炊”,只有投入了一定数额的公路环保资金,加之有效的管理,才能真正做好公路环境保护工作,才能实现公路建设的可持续发展,使公路沿线居民生活质量得到提高,为我国环境的整体改善作出重大贡献。

1.4 小　　结

总的来说,1978年改革开放以来,我国公路建设发展是空前的。其中,我国高速公路发展经历了起步、发展高潮及大发展三个发展阶段。

公路建设给社会经济带来动力,但重发展、轻保护的粗放发展模式也会给公路沿线以及周边区域的生态、人文、环境带来诸多问题:①在生态景观方面,主要表现为土地占用、植被破坏、水土流失、生物多样性减少和景观及生态敏感区功能丧失等;②在环境方面,公路建设产生的噪声、废水、固体废弃物、废气等造成污染;③在社会人文方面,公路建设占用沿线的已开发资源,必然涉及拆迁安置、民用基础设施占用、人文景观格局破坏以及居民生活结构的改变。

鉴于公路建设带来的一系列的环境问题,公路环境保护的重要性和现实意义不言而喻。近年来,绿色发展、节能环保等生态环境保护元素在我国公路网有关规划中不断体现,从各级政府到社会大众的公路环保意识不断提升,我国公路建设正逐步走上系统化、网络化、可持续性的高质量发展道路。在这样的形势下,稳定充足的公路建设环保资金和科学有效的资金使用效益,成为公路建设可持续发展的重要保障。因此,开展公路建设项目环保投资及其效益分析研究具有重要意义。

第 2 章　公路建设项目环保投资分析概述

环保投资是表征一个国家环境保护力度的重要指标,环境保护投资总量、资金来源和资金使用方向等,对一个国家的环境状态的优劣具有重要意义。同样,公路环境保护投资的总体状况也反映出公路建设项目环境状态的总体状况。本章内容在介绍我国环保投资总量、范围、资金来源等概况的基础上,引出公路环保投资的概念、投资主体及来源、范围及分类等相关基础知识,提出公路建设项目环保投资投入度的概念化计算方法,深入分析我国公路建设项目环保投资的影响因素。

2.1　环保投资概述

2.1.1　基本概念

1)投资

投资是为了获得效益而投入资金,用以转化为实物资产或金融资产的行为过程。投资要产生效益,投资效益有四种,即财务效益、经济效益、社会效益和环境效益。财务效益是指投资项目的微观效益;经济效益是指投资项目对国民经济的贡献;社会效益是指投资项目对社会的贡献;环境效益是指投资项目对环境质量改善的贡献。一个投资项目,可兼有四种效益,也可能一种效益很大,其他效益很小,甚至有的效益是负效益。投资结果是获得正效益还是负效益,受到许多复杂因素的影响,有的因素是很难预料的,所以投资总有或大或小的风险。投资也可以理解为经济实体为获得预期的效益,而用资金所进行的风险性活动。投资一般包括投资目的、投资主体、投资手段及投资行为四方面主要内容。

(1)投资目的

投资的目的就是获得效益。投资主体在投资前,要对各种效益(包括财务效益、经济效益、社会效益和环境效益)进行多方案的预测分析和评价,权衡其利弊得失,然后再作出决策,进行投资。所以获取效益是投资的动机和目的。

(2)投资主体

投资主体是指具有独立决策权并对投资负有责任的经济法人或自然人。投资主体主要包括:中央政府投资主体、地方政府投资主体、企业(各类性质)投资主体、个人投资主体和国外投资主体等。各投资主体可独立投资,也可联合投资,构成整个国民经济中的多元化、多层次的投资结构。

(3)投资手段

投资手段是指资金投入的方式,主要包括有形资产投资和无形资产投资。有形资产投资直接表现为资金形态,是投资的主要方式;无形资产投资是指不能直接表现为资金形态的投资方式,如专利、商标、冠名等,无形资产的投资一般需运用价值尺度,将其转化为资金形态。

(4)投资行为

投资行为包括资金的筹集、资金的投入、资金的使用、资金的管理和资金的回收。这几个环节连在一起,构成一次完整的投资过程。

2)环保投资

在不同的应用领域,环保投资并没有统一的定义,存在多种表达方式。生态环境部将环保投资定义为:“社会各有关投资主体从社会积累资金和各种补偿资金、生产经营资金中,支付用于污染防治、保护和改善生态环境的资金。”在学术上使用较为广泛的定义方式为:“社会中各有关的投资主体,从社会积累资金或补偿资金中拿出一定的份额,用于防治环境污染、保护自然生态环境和维护生态平衡”。也可以说,环保投资是为了治理环境污染、维持生态平衡而投入资金,用以转化为实物资产或取得环境效益的行为和过程,简单来说,环保投资就是用于环境保护的资金活动。

2.1.2 环保投资的界定原则

由环保投资的定义可以看出,由于环保投资的多重性和模糊性,完全准确地划分界定是不可能的,但无论如何,都应遵循下面的原则:

1)目的原则

环保投资的目的是解决已出现的或潜在发生的各种环境问题,所以根据投资的主要目的,凡是用于解决各种环境问题的投资均可界定为环保投资。

2)效果原则

某些经济活动和社会活动的投资,或某些不为环境保护而建设的工程、设施、设备等,其主要目的是获取经济效益和社会效益,但同时明显改善或保护了生态环境,产生了显著的环境效益,这类具有明显改善环境效果的投资也属于环保投资。例如城市集中供热,提高了能源利用效率和城市品质,在产生显著的社会效益和经济效益的同时,又对城市大气污染的治理发挥了重要的作用。

2.1.3 环保投资的范围

世界各国对环保投资范围的确定也不完全一致,在我国,环保投资还没有规范统一的界定范围。根据环保投资界定的原则和我国多年环境保护工作的实践和研究,我国环保投资的范围主要有以下几个方面:

1)固定资产中的环保投资

固定资产中的环保投资包括新建项目和技术改造项目的环保投资。新建项目的环保投资包括执行"三同时"(与建设项目主体工程同时设计、同时施工、同时投产使用的防治污染的设施)的投资和环境影响评价的费用,技术改造项目的环保投资主要是用于治理污染的投资等,包括废水治理、废气治理、固体废物治理、噪声治理和其他治理(放射性、电磁辐射污染等)五项工业污染源治理投入。

2)城市环境基础设施的投资

城市环境基础设施的投资是为改善城区环境质量而进行的环境基础设施建设和综合性、公益性污染治理等,包括城市污水处理设施、城市垃圾处理设施、河道湖泊清淤整治等,以及与城市环境保护密切相关的设施,如城市煤气、天然气设施和集中供热设施、排水设施和园林绿化设施等。

3)自然资源和生态环境保护投资

自然资源和生态环境保护投资是以自然资源能够永续利用及生态环境向好发展为目的,投入资金对自然资源的数量和质量进行保护。自然资源又可分为生物资源、农业资源、森林资源、国土资源、矿产资源、海洋资源、气候气象、水资源等。生态环境保护主要为四类:农村环境保护、特殊生态功能区保护、自然保护区和生物多样性保护。

4)其他投资

其他投资主要包括环境管理投入和污染防治科技投入两类。环境管理投入是指各级环境行政主管部门、有关行业部门环境管理机构的环境管理能力建设投入。污染防治科技投入是指各类环境保护事业单位、有关科研院所等用于污染防治基础科学研究、应用技术开发研究和环境管理软科学研究等方面的投资。

2.1.4 环保投资的主要来源

我国在环境保护工作和环境保护投资的实践中,逐步形成了以法规、计划和其他方式的多种环保资金的来源渠道。

(1)基本建设资金。建设项目(包括新建、扩建和改建项目)"三同时"环保固定资产投资一般来源于基本建设资金。建设项目防治污染所需要的投资要纳入固定资产投资计划,包括新建项目的环境影响评价费用。

(2)更新改造资金。老企业的污染治理要与技术改造相结合,目前的规定是从更新改造资金中,每年拿出7%用于污染治理。污染严重、治理任务重的企业,其比例更高。

(3)城市基础建设环保资金。大中城市要在城市维护费用中支出一部分资金,用于城市污染的集中治理。主要用于结合城市基础设施建设进行的综合环境污染防治工程。

(4)企业排污费。企业交纳的排污费的一部分要用于企业治理污染源的补助资金。所交纳排污费中的80%用于治理污染源的补助资金,其余部分由各地环保部门掌握,用于补助环境监测设备的购置、监测工作、科研工作、技术培训以及进行宣传教育等用途。

(5)企业综合利用项目的利润。工矿企业为防治污染,开展综合利用项目所生产的产品实现的利润,可在投资后五年内不上交,留给企业继续治理污染,开展综合利用。

(6)防治水污染的资金。根据河流污染程度和国家财力,列入国家长期计划,有计划、有步骤地逐项进行治理。

(7)环境保护部门自身建设费用。环保部门为建设监测系统、科研院(所)、学校以及治理污染的示范工程所需的基本建设投资,要列入中央和地方的环境保护投资计划。

(8)环保部门所需的科技三项费用和环境保护部门的有关事业费。新产品试制、中间试验和重大科技项目补助费以及环保事业费应由各级科委和财政部门根据需要和财政能力，给予适当增加。

除以上环保投资来源的八个主要渠道外，目前用于环境保护的资金来源的其他渠道也在不断探索、实践、丰富和完善中。总的来说，我国现阶段环保投资来源主要有五种，即基本建设资金、更新改造资金、城市基础建设环保资金、排污收费和其他环保投资，其中企业综合利用项目的利润、防治水污染的资金、环境保护部门自身建设费用和环保部门所需的科技三项费用和环境保护部门的有关事业费均可纳入其他环保资金。

2.1.5 环保投资的特点

环保投资除具有投资的共性特点外，还突显出以下显著特点：

1）投资主体的多元性

环保投资主体的多元性，是由环境保护工作的广泛性和重要性决定的。我国环保投资主体有：政府主体、企业主体、社会与个人主体、国外投资主体、金融组织主体等。

2）外部的经济性

环保投资的外部经济性即投资主体与利益获得者的不一致性。一般来说，环保投资的直接经济效益较低，甚至没有经济效益。但是环保投资有良好的环境效益和社会效益，而环境效益和社会效益一般是由社会共享的，例如修建声屏障没有直接的经济效益，其效益主要表现在环境效益和社会效益上，如沿线声环境得到改善，使沿线居民生活质量得到提高。

3）环境效益的滞后性

一般说来，环境效益具有滞后性，即近期的投资往往产生远期的效益。根据环保产业投资的经验，环保投资占国内生产总值（GDP）比例维持高值 10 年以上，才能获取较好的环保效益，而环保投资的效益主要表现为环境效益，因此环境保护投资的效益也具有滞后性。

4）投资效益货币计量的困难性

环保投资的主要目的是防治环境污染和破坏，改善环境质量，所以环保投资的近期直接经济效益不明显。环境保护所取得的远期经济效益和间接经济效益的货币预测和计算还存在诸多困难，特别是环保投资所产生的明显的、重要的环境效益和社会效益，其货币计量难度很大。

5)环保投资的可持续性

由于环境效益的滞后性,环保投资不应为一次性投资,而是持续的投资过程。同时,高质量可持续性发展是我国经济发展大趋势,环保投资作为一种经济活动,也应考虑这一问题。因此,生态环境的改善往往需要几代人几十年长期、持续、高效的投资,才会发挥环保投资的作用。

2.1.6 我国环保投资总体概况

衡量一个国家环保投资水平,重要的指标就是环保投资占 GDP 的比重。根据发达国家环保产业的发展经验,当环境污染投资占 GDP 的比例达到 1%~1.5%时,才能基本控制环境污染;比例提高到 2%~3%时,且投资高峰时期应高于 3%并持续 10 年以上,环境质量才能明显改善。从发达国家的环保投资发展历程来看,近年来环保投入高峰期的投资可占 GDP 比例的 6%~8%,平均水平也在 2%~3%。联合国环境规划署预测,至 2025 年,全球环境保护方面的投资可达全球生产总值的 2%左右。

总结来说,我国建设项目环保工作开展较晚,起步于 20 世纪 80 年代中期,因此相比发达国家而言,我国的环保投资占 GDP 比重明显偏小。

我国环境污染治理投资主要用于城市环境基础设施建设投资、工业污染治理项目投资和“三同时”项目环保工程投资。如研究所表明的,我国环保投资的融资渠道相对单一,目前我国 70%的环保投资来源于政府财政或公共部门投资。尽管我国中央财政在环保领域的投资每年均有一定幅度的增加,但面对严峻的环境形势和巨大的环保资金需求,现阶段我国的环保投资体制仍存在许多弊端。基于美国环保管理的发展经验,环保财政支出立足于引导和带动社会资金投资方向,对于推动环保行业发展、拓展环保投资资金渠道具有重要作用。美国联邦政府主要通过建立超级基金、环保项目的转移支付,来解决环保产业的资金短缺问题。

表 2-1 为《中国环境统计年鉴(2021)》中 2001—2017 年三类投资总额和占环保投资总额的比重。通过分析历年各类投资比重变化,可以得出,人民生活水平的提升促使城市基础设施建设的需求增加,城市环境基础设施建设投资占比最高,平均约 58.9%,城市基础设施建设投资占环保投资的比重呈现出上升-下降-再上升的趋势,最高为 2010 年的 68.10%;其次为“三同时”项目环保工程投资,平均约 30.1%,呈现出下降-上升-下降的波动趋势,最高为 2008 年的43.5%;工业污染

治理项目投资占比最少,平均约11.0%,在2010年占比最低,随后呈现先升后降的变化趋势。由于“三同时”项目环保工程投资可促进经济可持续发展和改善环境恶化,而以老污染源为代表的工业污染治理项目投资比重还需加强,但两类投资占比较低。因此,有必要进一步优化环保投资结构,提高环保投资带来的环境改善效果,推动我国经济高质量发展。

环境污染治理投资使用结构 表2-1

年份	环境污染治理投资总额(亿元)	城市环境基础设施建设投资		工业污染治理项目投资		“三同时”项目环保工程投资	
		总额(亿元)	比重(%)	总额(亿元)	比重(%)	总额(亿元)	比重(%)
2001	1166.7	655.8	56.2	174.5	15.0	336.4	28.8
2002	1456.5	878.4	60.3	188.4	12.9	389.7	26.8
2003	1750.1	1194.8	68.3	221.8	12.7	333.5	19.1
2004	2057.5	1288.9	62.6	308.1	15.0	460.5	22.4
2005	2565.2	1466.9	57.2	458.2	17.9	640.1	25.0
2006	2779.5	1528.4	55.0	483.9	17.4	767.2	27.6
2007	3668.8	1749	47.7	552.4	15.1	1367.4	37.3
2008	4937	2247.7	45.5	542.6	11.0	2146.7	43.5
2009	5258.4	3245.1	61.7	442.6	8.4	1570.7	29.9
2010	7612.2	5182.2	68.1	397	5.2	2033	26.7
2011	7114	4557.2	64.1	444.4	6.2	2112.4	29.7
2012	8253.5	5062.7	61.3	500.5	6.1	2690.4	32.6
2013	9037.2	5223	57.8	849.7	9.4	2964.5	32.8
2014	9575.5	5463.9	57.1	997.7	10.4	3113.9	32.5
2015	8806.4	4946.8	56.2	773.7	8.8	3085.8	35.0
2016	9219.8	5412	58.7	819	8.9	2988.8	32.4
2017	9539	6085.7	63.8	681.5	7.1	2771.7	29.1

数据来源:《中国环境统计年鉴(2021)》。

2.2 公路建设项目环保投资

2.2.1 公路建设项目环保投资

公路建设项目环保投资是指为了治理公路项目全过程(建设前期、建设期、运营期和废弃期)产生的环境污染、补偿生态破坏以及为了保护和改善公路沿线的生态环境而投入的资金,也包括以此为目的的其他投资,如公路建设项目的环境管理、环保科技投入等。

2.2.2 公路建设项目环保投资的主体及来源分析

1)公路环保投资的主体

我国公路建设项目环保投资包含在公路建设项目总投资内,公路环保投资主体与公路投资主体具有一致性,即公路投资的主体也是公路环保投资的主体。我们分析公路投资主体可以间接地分析公路环保投资主体。我国公路投资的主体主要包括中央政府投资主体、地方政府投资主体、企业(各类性质)投资主体和国外投资主体,国外的投资主要是通过国外贷款实现。

近几年,上海、浙江等地采取“建设-经营-转让”(BOT)公路建设运作模式,即通过政府招商和项目谈判,政府选择具有一定实力的社会投资人作为投资主体,由其发起组建项目公司。政府以特许经营合同的形式授予项目公司一定年限的高速公路收费经营权,允许项目公司通过收取车辆通行费、经营公路的相关服务设施等取得的其他收益作为其投资回报。

总之,我国公路环保投资的投资主体主要是国家和银行,其他投资主体投资较少,还没有成为我国公路环保投资主体的主要组成部分。

2)公路环保投资来源

如前所述,我们同样可以通过公路投资的来源来间接分析公路环保投资的来源。自2001年起,交通运输部每年均发布《交通行业发展统计公报》,其中2002—2022年的公报中均公布有当年公路建设资金到位额度,2002—2012年的公报则对当年公路建设资金来源占比情况进行了统计。本书通过整理公报中的相关数据,分析了逐年来我国公路建设资金结构和资金来源变化情况。

随着经济的不断发展,我国公路建设到位资金逐年增加,并呈指数增长,由2001年的2547亿元增长至2022年的28527亿元,增长近11.2倍,年均增长1237亿元。各级财政资金本应成为公路建设资金的主要来源。但是,我国传统公路建设投融资体制的影响以及各级财政状况的不理想,使得财政资金对公路的投入较少。因此,我国公路建设资金来源呈现多元化的特点,由2002年的四类增加至2012年的七类,如图2-1所示。目前,我国公路建设资金来源主要有国家预算内资金、车购税、国内贷款、利用外资、地方自筹及其他、企事业单位资金和上年末结余。

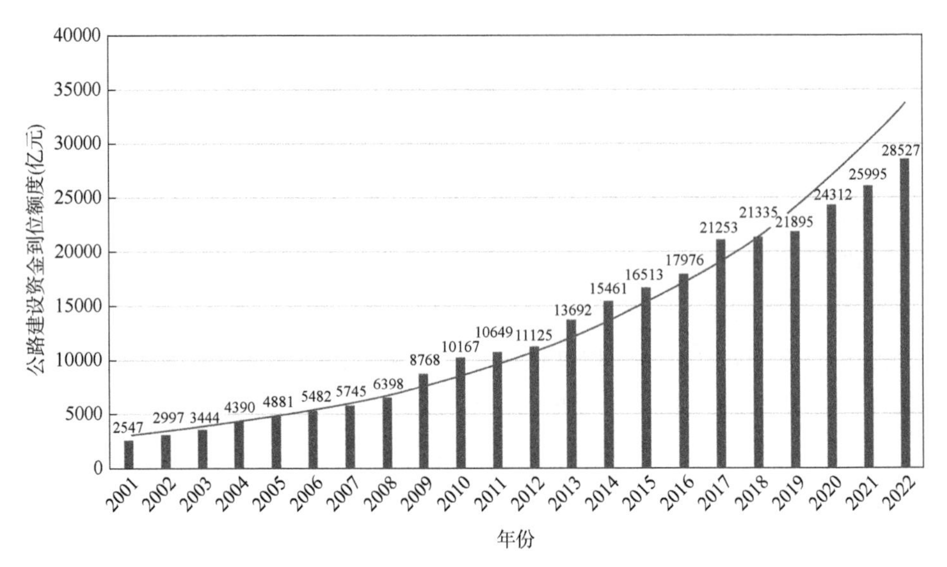

图 2-1 2001—2022 年我国公路建设资金到位情况

数据来源:2001—2022 年交通行业发展统计公报。

从公路建设资金构成看,国内贷款和地方自筹资金仍是公路建设资金的两大支柱,历年来二者占比平均值均超过 35%,二者之和占到全部资金的四分之三以上,其中国内贷款占比在 35.5%~41.6%之间浮动,地方自筹资金占比在 33.1%~43.1%之间浮动。国内贷款占比稍高于地方自筹和其他资金,为我国公路建设做出了显著的贡献,国内政策性银行贷款(国家开发银行贷款)和商业银行贷款、世界银行贷款、亚洲开发银行贷款、外国政府贷款等已经成为我国高等级公路建设资金的重要来源。车购税占比仅次于国内贷款和地方自筹资金,在 9.0%~17%之间浮动;国家预算对公路建设支撑有限,占比最高为 2002 年的 6.8%,但其他大多年份均小于 3%;企事业单位资金和上年末结余分别为 2005 年和 2003 年新增来源,应为官方统计方法或统计范围改变所致,两者占比分别在 6.8%~8.3%和 2.3%~5.4%之间浮动;自 2003 年起,利用外资逐渐成为我国公路建设资金来源的重要组成部分,占比在 0.4%~2.2%间浮动。

从各公路建设资金来源的历年变化(图 2-2)来看,国内贷款和地方自筹均呈现波折下降趋势,由 2003 年的 41%左右下降至 2012 年的 35%左右,下降了近 6

个百分点，这表明我国已在逐渐改变公路建设主要由各级财政拨款的现状；车购税则呈现波折上升趋势，由2002年的10%左右上升至2012年的17%左右，上升了近7个百分点；国家预算内资金占比下降也较为明显，2002—2012年十年间下降了5个百分点，体现了我国公路建设项目资金来源由政府财政逐步向多元化投资转变的趋势；企事业单位资金占比较为稳定，每年在7%左右小幅度浮动；利用外资最高达2003年的2.2%，但近年来维持在0.5%左右；上年度结余在2010年之前占比稳定在5%左右，但之后下降至3%左右。

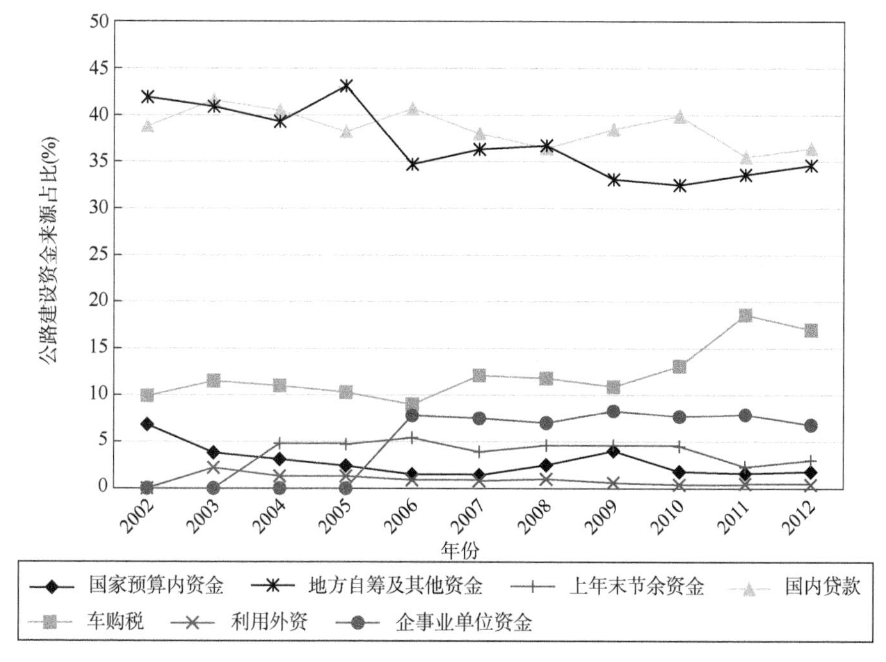

图2-2 2002—2012年公路建设资金来源占比

数据来源：2002—2012年交通行业发展统计公报。

以上对我国公路建设投资来源的总体状况进行了简要分析，下面将对东、中、西部地区的投资到位比例和来源结构进行简要分析。历年交通行业发展统计公报中，仅2001—2003年对东、中、西部地区公路资金到位比例进行了统计，其中2001年还公布了三个地区的来源结构占比。如表2-2所示为2001年、2002年和2003年的东中西部地区公路资金到位比例。各地区中，西部地区资金到位比例最高，平均高于96%，中部到位比例最低，低于90%，这与我国各地区经济发展水平和国家对西部地区的扶持政策有关。各地区每年的资金平均到位比例呈逐年下降趋势,由2001年的95.43%下降至2003年的93.30%,但同地区三年间资金到位比例变化不一,因此并不能代表2~3年以来逐年的变化趋势。

2001—2003年各地区公路资金到位比例 表2-2

地区	2001年	2002年	2003年	各地区平均值
东部	96.20%	93.10%	97.30%	95.53%
中部	92.20%	89.10%	86.40%	89.23%
西部	97.90%	99.10%	93.30%	96.77%
每年平均值	95.43%	93.77%	92.33%	—

数据来源:2001—2003年公路水路交通行业发展统计公报。

2001年东、中、西部地区公路资金来源情况见表2-3,通过比较各个地区来源结构的不同可以分析得出影响公路投资来源结构的一些重要因素。

2001年各地区公路资金来源情况(占总投资百分比) 表2-3

地区	自筹及其他	国内贷款	部专项资金	国家预算内资金	利用外资
东部	44.2%	42.6%	7.3%	4.5%	1.4%
中部	32.9%	41.2%	10.3%	9.7%	5.9%
西部	24.0%	38.3%	13.6%	20.7%	3.4%

数据来源:2001年公路水路交通行业发展统计公报。

从各地区公路建设资金构成情况看,东部地区筹资能力相对较强,国家投资明显向中西部地区倾斜。西部地区的国家预算内资金和部专项资金占全部到位资金的34.3%,而东部地区这两项资金的比重仅占11.8%,反映出国家和部对西部地区资金投入的力度不断加大,同时也反映出西部地区基础设施建设筹资能力相对较弱,需要国家和交通运输部进一步扶持,同时还需要引导和培育西部地区拓宽公路建设资金筹措的渠道。

据以上分析,我国公路环保投资的主要来源是银行贷款、自筹资金和国家预算内资金,西部地区的自筹资金所占比例较东部地区少。

2.2.3 公路建设项目环保投资的范围和分类

关于公路建设项目的环保投资的系统研究较少,其包括的范围还存在很多争议,本书在参考有关研究成果和结合调查分析就公路环保投资的内容和分类作简要叙述。本书的划分原则是看其投资的主要目的是不是环境保护。所以我们将一些投资效果和目的模糊、具有多重目的、其主要目的不是环境保护的投资不划分在环保投资范围内,如维护、修复因施工运输造成的地方道路、桥涵和排水沟等的破坏产生的费用。

1)按投入阶段划分

按照公路建设不同阶段的环保投资来分类,公路环保投资(图2-3)可以分为建设前期的环保投资、施工期的环保投资、运营期的环保投资。

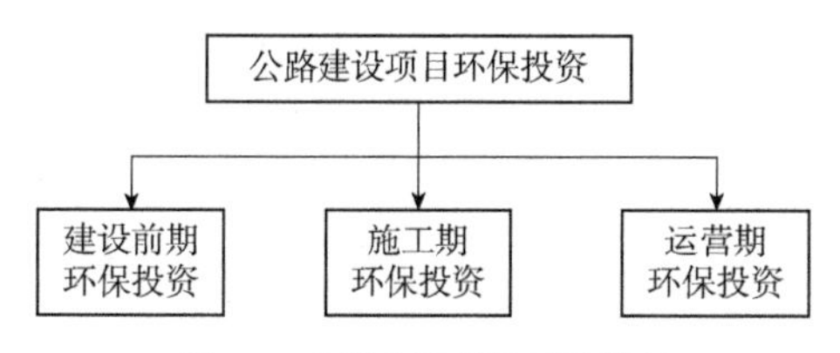

图2-3 公路建设项目环保投资

(1)建设前期环保投资

建设前期的环保投资包括环境影响评价、环境规划、环境保护总体方案设计、环境保护工程设计等以环境保护为目的的多项工作的投资。建设前期环保投资包括的主要内容如图2-4所示。

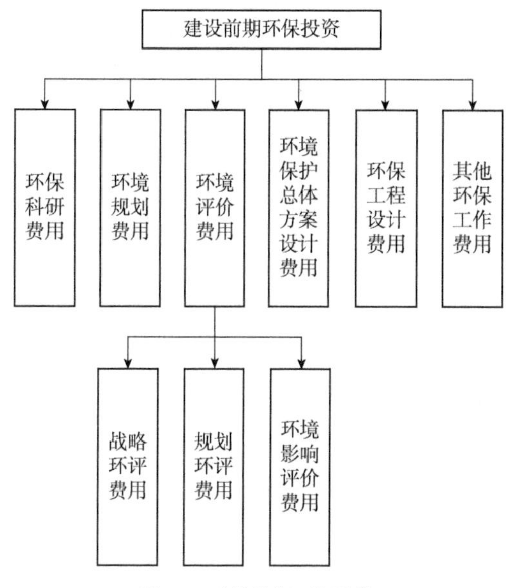

图2-4 建设前期环保投资

(2)施工期环保投资

施工期的环保投资主要指公路建设项目施工期以环境保护为目的开展的各项工作。其中主要包括施工期所采取的各项环保措施、环保工程、环境管理、环境监测等工作的投资。施工期环保投资包括的主要内容如图2-5所示。

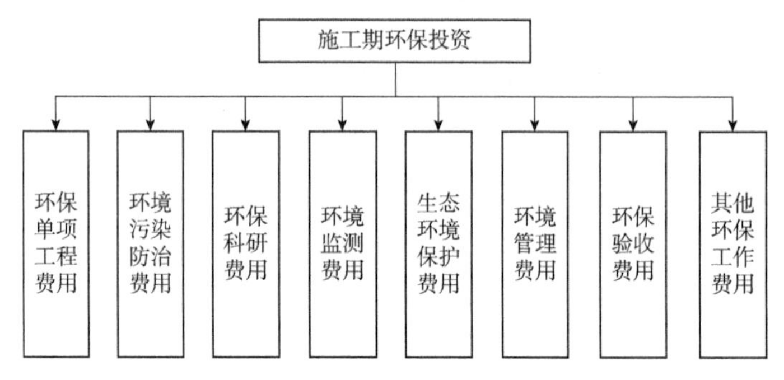

图2-5　施工期环保投资

(3)运营期环保投资

运营期的环保投资主要是指各项环保设施的运营、保养、养护、维修以及环境管理、环境监测等工作的投资。运营期环保投资包括的主要内容如图2-6所示。

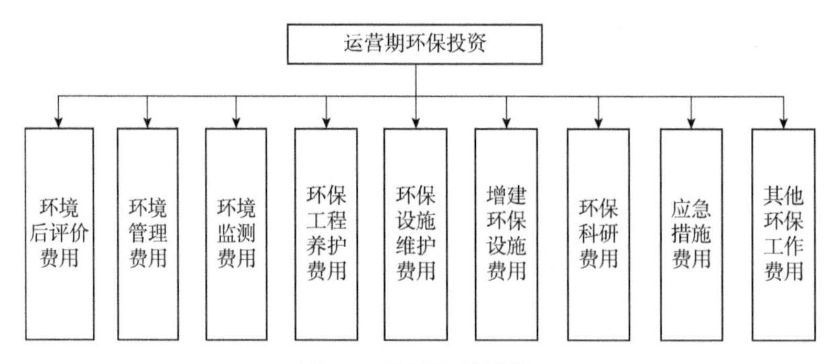

图2-6　运营期环保投资

2)按投入目的进行划分

(1)环境评价、设计等投入

这类投资主要包括战略环评、环境影响评价、环境规划、环境保护总体方案设计、环境保护工程设计、环境后评价等费用。

(2)环境污染治理投入

公路项目环境污染治理投入主要包括震动和噪声治理费用、水污染治理费用、大气污染治理费用、拆迁等费用，具体包含的内容如表2-4所示。

公路项目环境污染治理投入　　表2-4

震动和噪声治理费用	水污染治理费用	大气污染治理费用	拆迁等费用
(1)为防止施工机械、爆破等作业产生超标噪声而投入的费用； (2)为防治交通运输噪声而投入的费用。主要指声屏障、封闭外廊、加高院落围墙、装双层玻璃门窗、专设限速禁鸣标志等的费用； (3)为了减低交通噪声和震动而营造的林带、减震沟等	(1)生活服务设施所属的污水治理设施，包括生活服务区、管理区、收费站等生活服务设施所属的污水治理设施、垃圾处理和锅炉除烟设施以及施工中生产废水和生活污水的治理设施等的费用； (2)排水沟系统中的泥沙沉淀、隔油池等，如图2-7所示； (3)桥梁等为防治污染地表水而采取的雨水等收集、处理设施	(1)收费站内收费亭的强制通风设施； (2)为了减少施工期运输筑路材料及材料拌和产生的粉尘所采取的治理措施及设备费用，如图2-8所示； (3)减少汽车尾气污染而营造的林带等的费用； (4)生活服务设施所属的有害气体治理设施，如附属设施锅炉烟尘、餐饮油烟处理设施等	(1)因公路交通噪声、环境空气污染等所引起公路占地界外的居民点的拆迁、安置费； (2)由于拌和场、站等的选址为满足环保要求而增加的费用

图2-7　排水沟

(3)生态环境保护投入

公路项目生态环境保护投入主要包括生态保护工程费用、绿化美化工程费用、保护生态敏感点工程费用、保护动植物工程费用，具体包含的内容如表2-5所示。

图 2-8　施工现场洒水降尘

公路项目生态环境保护投入　　　　表 2-5

生态保护工程费用	绿化美化工程费用	保护生态敏感点工程（或置换工程）费用	保护动植物工程费用
(1)为保护公路沿线农田与农作物所采取的措施，如耕层土壤保护措施(包括减少污染和表层土壤保护等措施)的费用； (2)为了减少公路弃土、石方破坏地表植被、地表水而采取的工程措施的费用； (3)公路取弃土场所及沥青、混凝土搅拌站、料堆场、施工营地等采取的土地复垦及生态恢复工程措施的费用，如图 2-9 所示； (4)为了减少因公路施工造成地表植被破坏，引起公路线开挖或回填处水土流失增加而采取的护坡工程措施的费用	(1)公路沿线路基边坡及沿线的绿化工程措施的费用，如图 2-10 所示； (2)路堤部分、立交桥周围、服务区场地绿化美化工程的费用； (3)补偿因公路建设所占原有绿地而在公路用地范围外建设的绿地工程等，例如取土场地植被的恢复与防护措施等	(1)公路经过水源保护地所采取的保护工程(或置换工程)的费用； (2)公路经过自然保护区所采取的保护工程(或置换工程)的费用； (3)公路经过湿地、草原、草场、戈壁沙漠等所采取的保护工程(或置换工程)的费用	(1)公路经过濒危动植物保护区所采取的保护工程，如动物桥或动物通道等的费用，如图 2-11 所示； (2)公路经过渔业养殖水域时所采取的保护工程的费用

(4)社会经济环境保护投入

公路项目社会经济环境保护投入主要包括防治阻隔费用、保护文物费用、应急措施费用，具体包含的内容如表 2-6 所示。

图 2-9　弃土场种植植物

图 2-10　公路旁植草保护

图 2-11　藏羚羊通过公路建设设置的野生动物通道

公路项目社会经济环保投入 表 2-6

防治阻隔费用	保护文物费用	应急措施费用
为解决高等级公路分隔造成的影响而设置的通道或人行天桥、跨线桥和隔离栅等所需的费用,如图 2-12 所示	为保护文物古迹等专设的高架桥工程的费用	危险品泄漏等突发性事故等的应急措施费用,如应急事故车、危险品检查站等

注:表中的跨线桥主要是指为乡道和村道而设置,其他跨线桥不计入环保投资。

图 2-12 高速公路跨线桥

(5)环境管理及其科技投入

公路项目环境管理及其科技投入主要包括环境监测费用、环境管理费用、环保科研费用,具体包含的内容如表 2-7 所示。

公路项目环境管理及其科技投入 表 2-7

环境监测费用	环境管理费用	环保科研费用
(1)为公路运输所引起的污染的监测与治理而专门设立的监测站的基建费、仪器设备费、装备费等费用; (2)在建设期及运营期的环境监测费用	(1)公路工程施工期的环境监理费;运营期的环境工程(设施)维护及运行费用; (2)从事环境保护工作人员的薪酬及办公经费	(1)公路交通环境科学研究与技术开发、推广和技术监督等费用; (2)项目环境保护专业人员及监理工程师等的技术培训费等

(6)环境保护税费

本书中的环境保护税费为广义的税费项目,不仅包含《中华人民共和国环境保护税法》中规定的环境保护纳税项目(大气污染物、水污染物、固体废物和噪声等税费),同时包括水土保持补偿费、造林费和林地补偿费、耕地费和造地费、矿产资源税、文物勘察费和文物挖掘保护费、渔业资源保护费六项税费项目,具体收费项目如表2-8所示。

环境保护税费项目 表2-8

序号	项目	备注
1	环境保护税费目	按照《中华人民共和国环境保护税法》中相关规定收取
2	水土保持补偿费	水利管理部门
3	造林费、林地补偿费	林业管理部门
4	耕地费、造地费	土地管理部门
5	矿产资源税	资源管理部门
6	文物勘察费、文物挖掘保护费	文物管理部门
7	渔业资源保护费	水产管理部门

2.3 公路建设项目环保投资的投入度

公路环保投资所投与所需的比值称为公路环保投入度,计算方法见公式(2-1)。公路建设项目所需环保投资是指客观的公路建设在保证生态环境等至少保持在原有水平所需的环保投资,所需环保投资是指公路项目的实际环保投资,在实际公路建设工程中影响公路环保投资的因素较多,所需和所投并非完全一致。

$$V=\frac{Q}{P} \tag{2-1}$$

$$P=\sum_{i=1}^{n}P_i \tag{2-2}$$

式中:V——公路环保投入度;

Q——实际投入的环保投资额;

P——所需环保投资总额;

P_i——第 i 种使用目的环保投资额;

n——公路环保使用目的总个数(个)。

公路环保投入度、环保投资占总投资的比例、每公里环保投资是分析公路环保投资规模的三个重要指标。公路环保投入度是本书首次提出的分析指标,在实际的公路环保投资资料中还无法找到可以与之完全对应的数据,所以本书在进行公路环保投资规模分析时也没有选用这个指标对公路环保投资进行分析。但公路环保投入度是对公路环保投资规模评价的一个比较直观有效的指标,今后应该加强这方面的研究和运用。

2.4 公路建设项目环保投资的影响因素

公路环保投资的影响因素较多,而且影响因素间并不完全独立,具有相关性,两个或多个因素共同作用于公路环保投资。现将影响公路所需环保投资和所投环保投资的主要因素介绍如下。

2.4.1 公路建设项目所需环保投资的影响因素

1)公路项目所在区域的生态环境等状况

公路项目所在区域的生态环境、自然气候等将直接影响公路的所需环保投资,比如同样的绿化工程在沙漠区和在平原区的投资相差很多。再者,不同的区域环境所执行的环境标准不同,也将引起环保投资较大的浮动。例如,如果公路处于荒芜贫瘠、人迹罕至的地段,环保绿化工程的投资应以防治水土流失为目的,绿化种植应选择适宜当地生长的植物,如针叶树、灌木丛等,在此基础上兼顾景观效果的原则进行设计。如果是经过城市的绕城高速等公路建设,应选择高档次立体景观效果的树种,如常青树等。两类树种的价格就有很大的差别,从而使环保投资有较大的浮动。

2)公路建设规模及公路等级

一般公路建设项目规划的长度宽度等规模越大,所需的环保投资越多;同时,公路等级不同,环保投资的数量和比例大不相同,高等级公路在公路绿化、保护生态、环保单项工程等方面都有较大的投资,而低等级的公路环保投资较少。

3)公路线形的选择及总体规划、设计情况

同一区域的公路,由于线形选择不同,所影响敏感点的数量和程度会有所不同,同时也使得同样的环保目的造成不同的实施难度,从而使环保投资有所不同。

再者,公路施工的各种污染源的合理规划也会减少环保投资,比如拌和站、预制场等的合理规划,远离村庄、学校等敏感点,从而降低所采取环保措施的费用。

4)施工所选的设备、材料、工艺和技术水平等

公路施工随其选用的设备、材料、工艺和技术等的不同对环境的影响程度也有所不同。例如新型环保的沥青拌和设备的各项指标均达到相关要求,也就不用交纳相关的排污费和采取相应措施,从而降低环保投入。

2.4.2 影响公路建设项目实际环保投资的因素

影响公路建设项目实际环保投资的因素除了包括上述影响公路所需环保投资的因素外,还受以下因素的影响:

1)经济实力

经济水平高低,对环保投资水平具有决定性影响。经济发达地区的公路建设的环保投资相对较高,而欠发达的地区环保投资较低。

2)环保意识

大家的环保意识特别是决策者的环境意识对环保投资有很大的影响,当决策者有较强的环保意识时,他们就会把环境保护列为工作的重点,增加环境保护的投资。

3)科技水平

科技水平对环保投资也有影响,环保投资需要借助于科学技术,应用高科技成果可以使同样的效益需要较少的环保投资。例如服务区的污水处理,现阶段还没有较为合适的污水处理设备,一些设备无法运转或低水平运转,造成环保投资浪费,如果能够研制出对服务区污水具有针对性的小型污水处理设备,不仅可以节省环保投资,而且可以提高污水处理效果。

4)环境管理水平

我国公路建设中的很多环境问题出现的根源往往是管理出了问题,因为管理不规范、职责不分,环保投资不能合理运用,造成环保投资额加大。有些是因为管理手段落后,管理水平有限,使得环保投资不能高效地发挥作用,致使同样的治理效果需要更多的环保投资。

5)国家政策法规

我国公路建设环保投资主要来源于政府,因此国家政策法规是影响公路建设环保投资的一个不容忽视的因素。例如,根据《中国环境统计年鉴(2021)》中已有的统计数据,“十五”期间(2001—2005 年)我国环保投资总额为 8395 亿元;“十一五”期间(2006—2010 年)增长至 21623 亿元;“十二五”期间(2011—2015 年)则达到 41698 亿元,相比“十五”增长近 400%。除了近年来我国 GDP 高速增长的原因外,国家从 2006 年以来出台了关于环境保护专项投入、加强环境投融资市场化的政策法规,很大程度上提高了环保投资水平。

2.5 小结

作为衡量一个国家环保投资水平的重要指标,我国环保投资总额占 GDP 的比例仍处于较低的水平(长期处于在 1.5%以下),且 2012 年以来呈逐渐降低的趋势。城市基础设施建设是我国环保投资的主要去向,而以老污染源为代表的工业污染治理项目占比较低,说明我国环保投资结构还需进一步优化调整。

我国 70%的环保投资来源于政府财政或公共部门投资,这一总基调也决定了公路建设项目环保投资主体相对单一的特点。现阶段,公路建设环保投资的概念、界定原则、范围等仅限于研究层次,国家统计部门尚未对公路建设环保投资情况进行系统统计,但可以通过分析公路建设投资的到位、来源等间接揭示公路建设环保投资的情况。①近年来,我国公路建设到位资金逐年呈指数增长,2001—2018 年,到位总额增长近 10 倍;②从公路建设资金来源看,国内贷款和地方自筹资金一直是公路建设资金的两大支柱,但近些年呈波折下降趋势,资金来源的多元化变化趋势表征我国公路建设资金结构的改革动向。

针对当前公路建设项目环保投资范围和分类界定的争议,以及投入度无法量化的问题,本书基于前人成果,结合调查分析结果,创新性地提出了以下成果:①遵循“投资主要目的是否为环境保护”的基本原则,从投入阶段和投入目的两个角度提出了分类体系;②首次提出了公路环保投资投入度的概念化计算公式,为后期深入研究提供基础。

但由于现阶段关于公路环保投资的相关研究较少,且各地公路环保投资的统计标准不够统一,加之收集的资料和调查范围等多方面因素,本章对公路环保投资的分析数据还不够全面,还无法完全反映我国现阶段公路环保投资的总体特征,但通过本书的一些分析可以反映现阶段公路环保投资的基本特征和存在的不足,可以为今后进一步系统研究公路环保投资提供基础性资料,为我国今后在公路环保投资方面的决策提供参考资料,从而促进公路与环境的协调发展。

第3章　公路建设项目环保投资结构分析和管理

公路建设项目环保投资的分析主要包括公路环保投资的主体结构分析、来源结构分析、规模结构分析和使用结构分析。公路环保投资的主体和来源相对比较固定,已在第2章中做了简要分析,本章主要分析我国公路环保投资的规模结构和使用结构。由于我国公路环保投资的分析统计工作还处在初级阶段,有关公路环保投资的总体统计数据还相对较少,分析时主要选取多个省市的多条具体公路的环保投资进行分析比较,通过系统分析比较,不仅可以得出相关地区的公路环保投资状况,也可以侧面反映我国公路环保投资的总体状况。

3.1　公路建设项目环保投资结构分析

3.1.1　公路环保投资的规模结构分析

环保投资,其指的是在开展环境保护时进行的投资活动,从社会发展和国民经济角度来讲,环境保护中的环境保护投资是固定资产投资中的主要组成部分,能够衡量国家和地区环境保护力度的关键指标。一般遵循目的性和效果性两个基本原则,目的性主要是为了解决各种已出现或者将要出现的环境问题,效果性主要是指某些设备、设施或工程的建设,或某些经济和社会活动的主要目的不直接或不仅是为了保护环境,而在其取得经济效益和社会效益的同时也产生了保护和改善环境的效果,并且具有显著的环境效益。这类环保投资也体现出了几个显著的特点:投资主体的多元性、经济的外部性、环境效益的滞后性、投资的持续性及投资效益货币计量的困难性。那么单纯的对于公路建设项目环保投资的规模分析,我们主要采用环保投资占总投资的比例和每公里环保投资额两个指标进行。公路环保投资占总投资的比例是衡量一条公路的环保投资水平的重要指标,就如同常用环保投资占 GDP 的比重的指标来衡量一个国家的环保投资水平一样。但仅有此一个指标还是不够的，例如有些公路等级较高，施工技术难度大，桥梁、隧道等设施较多，虽然环保投资的绝对数额较大，效果较好，由于基数过大，会使公路环保投资占总投资的比例较低，但这不能完全说明此条公路的环保投资水平低，所以还应选用每公里环保投资作为分析指标。

1）公路环保投资总体规模概况

根据《中国环境统计年鉴（2021）》中已有的统计数据，从全国环境污染治理投资情况分析可以看出，在 2001—2017 年间，各类环保投资数额有一个稳步上升的趋势，也从侧面说明国家对污染治理的重视程度在不断提高。按照污染治理类型划分项目投资情况见表 3-1。从全国性环境污染治理投资情况来看，城镇建设投资相比工业污染治理投资每年要多得多，这也反映出了国家总体规划中比较重视城镇建设环保投资，对于工业类污染项目投资相对较少。2001—2010 年间，每年完成的环保验收项目投资迅速上升，之后处在一个稳定的状态，全国范围内对于环保类的投资基本趋于稳定。

全国环境污染治理投资情况（2001—2017 年） 表 3-1

年份	投资总额（亿元）	城镇建设投资（亿元）					工业污染治理投资（亿元）					当年完成环保验收项目投资（亿元）	环境污染治理投资占 GDP 比重（%）
		燃气	集中供热	排水	园林绿化	市容卫生	废水治理	废气治理	固体废物	噪声治理	其他		
2001	1166.7	81.7	90.3	244.9	181.4	57.5	72.9	65.8	18.7	0.6	16.5	336.4	1.05
2002	1456.5	98.9	134.6	308.0	261.5	75.4	71.5	69.8	16.1	1.0	29.9	389.7	1.20
2003	1750.1	147.4	164.3	419.8	352.4	110.9	87.4	92.1	16.2	1.0	25.1	333.5	1.27
2004	2057.5	163.4	197.7	404.8	400.5	122.5	105.6	142.8	22.6	1.3	35.7	460.5	1.27
2005	2565.2	164.3	250.0	431.5	456.3	164.8	133.7	213.0	27.4	3.1	81.0	640.1	1.37
2006	2779.5	179.2	252.5	403.6	475.2	217.9	151.1	233.3	18.3	3.0	78.3	767.2	1.27
2007	3668.8	187.0	272.4	517.1	601.6	171.0	196.1	275.3	18.3	1.8	60.7	1367.4	1.36
2008	4937.0	199.2	328.2	637.2	823.9	259.2	194.6	265.7	19.7	2.8	59.8	2146.7	1.55
2009	5258.4	219.2	441.5	1035.5	1137.6	411.2	149.5	232.5	21.9	1.4	37.4	1570.7	1.51
2010	7612.2	357.9	557.5	1172.7	2670.6	423.5	129.6	188.2	14.3	1.4	62.0	2033.0	1.84
2011	7114.0	444.1	593.3	971.6	1991.9	556.2	157.7	211.7	31.4	2.2	41.4	2112.4	1.45
2012	8253.5	551.8	798.1	934.1	2380.0	398.6	140.3	257.7	24.7	1.2	76.5	2690.4	1.53
2013	9037.2	607.9	819.5	1055.0	2234.9	505.7	124.9	640.9	14.0	1.8	68.1	2964.5	1.52

续上表

年份	投资总额（亿元）	城镇建设投资（亿元）					工业污染治理投资（亿元）					当年完成环保验收项目投资（亿元）	环境污染治理投资占GDP比重（%）
		燃气	集中供热	排水	园林绿化	市容卫生	废水治理	废气治理	固体废物	噪声治理	其他		
2014	9575.5	574.0	763.0	1196.1	2338.5	592.2	115.2	789.4	15.1	1.1	76.9	3113.9	1.49
2015	8806.4	463.1	687.8	1248.5	2075.4	472.0	118.4	521.8	16.1	2.8	114.5	3085.8	1.28
2016	9219.8	532.0	662.5	1485.5	2170.9	561.1	108.2	561.5	46.7	0.6	102.0	2988.8	1.24
2017	9539.0	566.7	778.3	1727.5	2390.2	623.0	76.4	446.3	12.7	1.3	144.9	2771.7	1.15

资料来源：《中国环境统计年鉴（2001—2021）》。

在进一步将各个行业的新建项目中环保投资的总体状况进行比较分析时，由于没有收集到近几年的统计资料，仅能查到1992年和1994年的环境统计年鉴数据，所以本次分析中就以1994年相对较新的统计数据为例进行分析说明。1994新建项目环保投资的行业比较见表3-2。从表中可知，在1994年所验收的新建项目的环保投资占总投资比例的比较中，交通行业环保投资占比最低为0.5%，轻工业占比最高为8.3%。这一方面说明当时对交通环保工作的重视程度不够；另一方面也说明交通行业并不是污染大户，对环境污染影响远小于其他行业。

新建项目环保投资的行业比较（1994年）　　表3-2

行业	验收项目数（个）	总投资（万元）	环保投资（万元）	环保投资比例（%）
轻工	26	87154	7196	8.3
火电	23	1073691	85524	8.0
化工	40	488918	36464	7.6
冶金	20	516290	29975	5.8
石油化工	7	9542	449	4.7
纺织	12	171956	7612	4.4
机械	30	226735	7407	3.3
建材	18	444128	14012	3.2
医药	5	23388	737	3.2
煤炭	6	125761	3976	3.2
金矿	1	45000	800	1.8
有色金属	1	21118	319	1.5
粮食	1	27769	400	1.4

续上表

行业	验收项目数(个)	总投资(万元)	环保投资(万元)	环保投资比例(%)
机场	1	147800	944	0.6
交通	1	15000	80	0.5
合计	196	3424254	195900	5.7(均值)

资料来源:《中国环境统计年鉴(1995)》。

近几年,我国公路建设日益重视环境保护,不断增加公路环保投入。陕西省不同时间高速公路环境影响评价(Environmental Impact Assessment,EIA)报告估算环保投资见表3-3,从表中可以看出,从1994年到2020年,陕西公路的环保投资无论是环保投资比例还是每公里环保投资额,都呈现出逐年增加的趋势:每公里环保投资从1994年铜黄高速公路的5.5万元增加到2009年榆佳高速公路的124.98万元,到了近几年,除去存在高速公路基础设施建设之外的公路环保费用投资基本处在一个稳定的层次;环保投资占总投资的比例也从1994年铜黄高速公路的0.29%增长到2003年靖王高速公路的5.44%,不同公路建设中因各类不同设施的建设存在一定差别,总体水平相对稳定。

陕西省不同时间高速公路EIA报告估算环保投资 表3-3

序号	项目	EIA环保费(万元)	环保费用占工程总造价比例(%)	平均每公里环保费用(万元/km)	EIA编制时间(年)
1	铜黄高速公路	489.5	0.29	5.5	1994
2	绕城北高速公路	340	—	9.6	1997
3	禹阎高速公路	3393.7	0.54	19.41	1999
4	绕城南高速公路	1392.38	0.57	34.8	1999
5	延塞高速公路	1008.2	1.0	33.6	2000
6	户洋高速公路	6004.4	0.61	40.8	2002
7	靖塞高速公路	4926.5	11.0	44.8	2003
8	靖王	12622.5	5.44	95.6	2003
9	榆佳高速公路	9855.3	1.64	124.98	2009
10	合铜高速公路	7967.9	0.64	61.1	2016
11	湫坡头至旬邑高速公路	2529	1.12	108.3	2016
12	十堰至天水高速公路联络线(含桥梁隧道、服务区等建设)	50617.5	3.7	287.6	2017

续上表

序号	项目	EIA 环保费（万元）	环保费用占工程总造价比例（%）	平均每公里环保费用（万元/km）	EIA 编制时间（年）
13	西安外环高速公路南段	5001.9	0.41	71.4	2017
14	子姚高速公路	4055.2	0.64	73.1	2017
15	西镇高速公路	2798.3	0.41	55.9	2017
16	安岚高速公路（含服务区等设施建设）	39879.6	2.94	436.6	2018
17	太凤高速公路（含收费站、服务区建设）	34249.28	3.7	399.9	2018
18	眉太高速公路（含服务区等设施建设）	15137.6	1.29	197.27	2019
19	榆蓝线（G65E）延长至黄龙公路延长至宜川段	4376.95	0.38	49.6	2019
20	鄠周眉高速公路	5554.6	0.73	78.9	2019
21	蒲涝高速公路（含桥梁、服务区等建设）	27875.35	2.17	221.45	2020

资料来源：陕西省生态环境厅高速公路环境影响报告书。

2）公路环保投资的规模结构分析

（1）总体规模结构

①总体投资规模概况

我们选择如表 3-4 所示的东、中、西部不同的地区的 22 条公路的环保投资进行具体分析，这 22 条公路都已通过国家有关部门组织的环保验收。

我国部分公路环保投资状况 表 3-4

地区	名称	等级	里程（km）	总投资（万元）	环保投资（万元）	环保投资占总投资比例（%）	每公里环保投资（万元）
福建	宁罗高速公路	高速	33.1	110000	6290	0.57	189.80
	泉厦高速公路	高速	81.9	278557	8109	3.00	99.01
	福宁高速公路	高速	141.2	739900	29651	4.60	210.02
广东	揭普高速公路揭东（新享）至普宁（汕尾）	高速	45.9	175000	2093	1.20	45.57
	湛徐高速公路	高速	114.6	408837	10688.1	2.61	93.28
浙江	杭州绕城高速公路东段	高速	23.5	219800	2803.47	1.26	119.30
	甬台温高速公路瓯海南白象至瑞安龙头段	高速	23.7	185000	3749	2.03	158.32
	金丽高速公路	高速	113.1	420000	3477	0.83	30.73

续上表

地区	名称	等级	里程(km)	总投资(万元)	环保投资(万元)	环保投资占总投资比例(%)	每公里环保投资(万元)
湖北	襄十高速公路武当山至许家棚段	高速	27.7	101200	727.9	0.72	26.29
	汉十襄荆高速公路连接线	高速	20.5	74000	689.6	0.93	33.60
河南	北京至珠海国道主干线漯河至驻马店段	高速	67.2	161355	16781	10.40	249.72
	连云港至霍尔果斯国道主干线三门峡至灵宝段	高速	70.2	205613	3860	1.88	55.01
北京	公路六环子小村至大庄段	高速	7.6	48000	1446	3.00	191.52
山东	日竹高速公路	高速	114.3	209449	13300	6.35	116.36
辽宁	锦朝高速公路	高速	93.3	255840	16811.1	6.50	180.18
新疆	国道216甘泉堡至喀什	二级	47.4	29380	303.85	1.03	6.41
青海	街子至浪加桥段(改建)	三级	48.8	8735	1267	14.50	25.96
陕西	榆靖高速公路	高速	118.2	181714	20258	11.15	171.39
	绕城高速公路南段	高速	44.9	290700	2443.86	0.84	54.42
	西蓝高速公路	高速	24.0	39400	495.7	1.26	20.63
贵州	扎归高速公路	二级	161.3	209285	12019	5.74	74.50
甘肃	宝天高速公路	高速	91.1	701900	16301.56	2.32	178.94
合计			1513.5	5053665	173565.56	3.55(平均值)	123.23(平均值)

所有统计数据都是在验收后统计的实际环保投资额,工程建设时段基本属于同一个时期,这使得数据有一定的可比性。根据数据显示可以看出我国道路建设项目环保工作做得相对比较好。研究中选择的路段主要以高速路为主,另有两条二级路和一条三级路,因为在实际工作中高速路的环保投资统计、管理工作做得相对较好,获得相关数据的难度较小,但选择较多的高速公路进行分析也不失一般性,因为我们的分析目的在于得出我国公路环保投资的总体状况,以及比较各地区环保投资状况的不同,从而得出影响公路环保投资的主要因素和存在的有关问题。通过分析,上述目的基本可以达到。同时也选取了与所选择的公路项目基本属于同一个时期的其他建设项目的环保投资进行比较

分析。

由表 3-4 可知,所选公路环保投资占总投资的平均值为 3.55%,平均每公里的环保投资为 123.23 万元,由于选择的分析对象主要包含的是高速公路,所以这两个数据应该高于有关资料估算的新建建设项目环保投资的全国平均水平 1%。从表中可以明显看出,高速公路的环保投资在每公里环保投资上明显高于较低等级的公路,所选的三条低等级公路每公里环保投资的均值为 35.6 万元,远远低于均值 123.23 万元。国道 216 甘泉堡至喀什段二级路每公里的环保投资只有 6.41 万元。虽然青海街子至浪加桥段(改建)的环保投资占总投资的比例为 14.5%,并不是由于其环保投资较高,而是由于其为改建工程,总投资较低,致使环保投资比例较高。

低等级公路环保投资较少,并不是因为低等级公路对周围生态环境破坏较小,而是由于资金投入有限等原因,致使环境保护资金投入较少,对周围的环境影响较大。

由表 3-4 可知,陕西省榆靖高速公路环保投资无论是在投资比例还是每公里环保投资都远远高于省内其他两条高速公路。这一方面说明榆靖高速公路环保投资力度大,另一方面也说明自然生态环境对公路的环保投资影响较大,榆靖高速公路是我国在沙漠地区开工建设的第一条高速公路,公路沿线为北部风沙草滩区,属毛乌素沙漠南缘,同样的绿化等环保工程要比陕西关中地区的投资大。

②与其他建设项目的比较

a.与污染性建设项目比较

表 3-5 为分析统计其他建设项目的环保投资状况。由表可知,煤矿、铁矿和热电厂的环保投资比例远远高于公路建设项目平均值 3.55%,这主要是由于公路建设项目属于生态影响性建设项目而煤矿、铁矿和热电厂属于污染影响性建设项目;但如果按高速公路每公里占地 100~120 亩,按 110 亩($7.33hm^2$)计算,可将表 3-4的公路环保投资均值 123.23 万元/km 换算成 16.81 万元/hm^2,所以从这个角度上可以说单位面积环保投资高速公路要大于所选择的煤矿和铁矿这两个污染性建设项目,而热电厂建设项目相比其他项目造成的大气、水资源、噪声以及固体废弃物等污染更强烈,所需环保投资相对较高。

其他建设项目环保投资状况　　表 3-5

名称	总投资（万元）	环保投资（万元）	环保投资占总投资比例（%）	占地或全长	单位环保投资（万元/hm^2，万元/km）
云南省小龙漂矿务局布绍坝露天煤矿四期扩建工程	92000	15000	16.60	1511.78hm^2	9.92
昆明钢铁集团有限责任公司大红山铁矿	12192.35	872.66	7.20	99.4hm^2	8.78
华能日照电厂二期扩建工程	405513	35800	8.83	64hm^2	559.38
哈尔滨热电公司五期供热扩建工程	267000	34000	12.80	40hm^2	850
田湾核电站一期工程	2913567	161134	5.53	233.3hm^2	690.5
陕西省咸阳西郊热电厂生产型建设项目	46826	5042.6	10.76	3.23hm^2	1561.18
长庆石油输管线	11200	110	1	80km	1.38
黄骅港一期工程	495000	9553	1.90	284.68hm^2	33.56
庆咸输油管道	65700	3548	5.4	260km	13.65
广东理文造纸有限公司项目四期工程	70000	5500	7.80	60hm^2	91.67
内昆铁路	130000	35900	2.80	872km	41.17
青藏铁路（新建）	2620000	210000	8	1110km	189.19
赣龙线赣州至龙岩段铁路	632940	16460	2.6	290.1km	56.74
遂渝铁路	450000	12100	2.7	146.6km	82.54
北京-上海：京沪高速铁路	19979600	365600	1.83	1318km	277.39
哈尔滨-大连：沈阳-大连段哈大高速铁路	5315000	46480	0.87	425.5km	109.24
郑州-西安：郑西高速铁路	5010000	60600	1.21	485km	124.95
武汉-广州：武广高速铁路	11451000	274824	2.4	1068.6km	257.18
上海-昆明：长沙-昆明段沪昆高速铁路	9461500	332100	3.51	1138km	291.83
重庆-万州：渝万高速铁路	3284800	13139	0.4	248km	52.98

b.与铁路和管道项目比较

从表3-5中可见，长庆石油输管线地每公里环保投资1.38万元远远低于公路建设项目。所选的工程中铁路环保投资和公路具有很强的可比性，特别是内昆铁路和青藏铁路，两条铁路的环保投资占总投资比例的平均值为5.86%，高于公路的3.55%，这主要是由于铁路的每公里造价低于高速公路而使得投资比例相对较高；这两条铁路每公里环保投资的均值124.01万元与公路123.23万元基本相当。而且，这两条铁路都是国家重点工程，环保投资比起其他铁路环保投资额相对较高，尤其青藏铁路更是重视环保的一个典型工程，内昆铁路的每公里环保投资仅有41.17万元，远低于高速公路的每公里环保投资均值，所以总体来说高速公路的环保投资要略高于铁路。

c.与高速铁路项目比较

从表3-5可以看出，高速铁路项目每公里环保投资多数与公路环保投资均值相当，其中，京沪、武广和沪昆高速铁路每公里环保投资比公路环保投资均值要高出较多，这主要是高速铁路项目作为近年来的新型铁路形式，对于环保工作重视程度较高。但在所选6条高速铁路项目中环保投资占总投资比例的平均值仅1.7%，明显低于公路的3.55%。所选6条高速铁路每公里环保投资的均值在加入较高的投入后仅为177.26万元，相比公路123.23万元没高出多少。从整体的环保投资比例来看，高速公路的环保投资相比高速铁路项目要更完善。

(2)地区间差异

为了比较各地区的公路环保投资的不同，对表3-4中所选的公路分地区进行分析比较，为了具有可比性，这里只选择高速公路，其中河南北京至珠海国道主干线漯河至驻马店段和陕西省榆靖高速公路环保投资比例超过10%，数据有失一般性，故将其剔除。各地区高速公路环保投资状况见表3-6。

从图3-1可以看出，东、中、西部环保投资有着较大的差异。东部地区环保投资占总投资的比例为3.00%和中部地区3.14%基本相当，但明显高于西部0.90%；每公里环保投资西、中、东呈线形增长，分别为42.7万元、83.36万元、124.86万元。这主要是由于东部地区经济发达公路建设资金相对充裕，有能力投入较大的资金进行公路环境保护；而西部地区经济发展相对滞后，公路建设资金缺乏，只能在将有限的资金优先投入到公路主体工程的同时考虑环境保护，总之西部地区公路环保投资相对东、中部较少，资金缺口较大。

各地区高速公路环保投资状况

表 3-6

地区	省(市)	名称	里程(km)	总投资(万元)	环保投资(万元)	环保投资比例(%)	每公里环保投资(万元)	环保投资比例(%)	每公里环保投资(万元)
东部	福建	宁罗高速公路	33.1	110000	6290	3.92	171.94	3.00	124.81
		泉厦高速公路	81.9	278557	8109				
		福宁高速公路	141.2	739900	29651				
	广东	揭普高速公路揭东(新亨)至普宁(汕尾)	45.9	175000	2093	2.20	79.63		
		湛徐高速公路	114.6	408837	10688				
	浙江	杭州绕城高速公路东段	23.5	219800	2803	1.20	52.82		
		甬台温高速公路瓯海南白象至瑞安龙头段	23.7	185000	3749				
		金丽高速公路	113.1	420000	3477				
	辽宁	锦朝高速公路	93.3	255840	16811	6.57	180.18		
中部	湖北	襄十高速公路武当山至许家棚段	27.7	101200	728	0.81	29.42	3.14	83.36
		汉十襄荆高速公路连接线工程	20.5	74000	690				
	河南	连云港至霍尔果斯国道主干线三门峡至灵宝段	70.2	205613	3860	1.88	55.01		
	北京	公路六环子小村至大庄段	7.6	48000	1446	3.00	191.52		
	山东	日竹高速公路	114.3	209449	13300	6.35	116.36		
西部	陕西	绕城高速公路南段	44.9	290700	2444	0.90	42.67	0.90	42.67
		西蓝高速公路	24.0	39400	496				

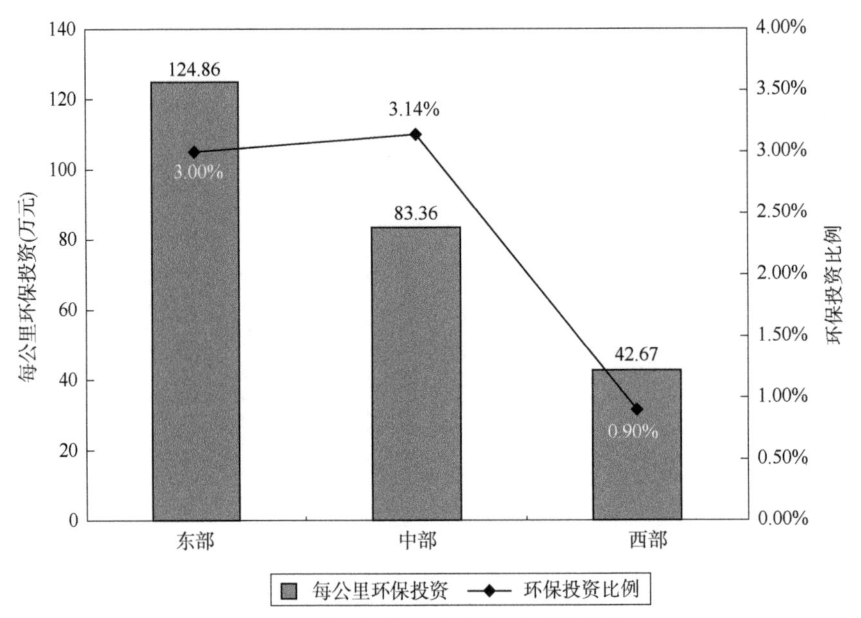

图 3-1　我国东、中、西部公路环保投资状况

(3)路桥隧道间的差异

如表 3-7 所示为湖北省桥梁和陕西省路桥隧道的环保投资总体状况。

路桥隧道环保投资状况　　表 3-7

省份	路段	长度(km)	总投资(万元)	环保投资(万元)	环保投资占总投资比例(%)	每公里环保投资(万元/km)
湖北	鄂黄长江公路大桥	3.2	99400	3250	3.27	1001.54
	天兴洲长江大桥	9.3	585600	15000	2.56	1612.90
	荆州长江公路大桥	8.8	137300	1480	1.08	167.39
	武汉军山公路长江大桥	4.9	114568	1145	1.00	234.63
总值		26.3	936868	20875	2.20(均值)	793.73(均值)
陕西	西安至安康高速公路秦岭中南山特长隧道	18.0	258997.2	2028.2	0.78	112.68
	316 国道柴关岭隧道及引线工程	7.175	23001	531.3	2.31	74.24
	宁陕至石泉高速公路中桥梁/隧道	26.47/19.55	917263.56	7524.8	0.82	163.51
总值		71.195	1199261.76	10084.3	1.30(均值)	116.81(均值)

由表3-7可知，湖北省桥梁的环保投资比例为2.20%，低于表3-6湖北省高速公路的平均值3.14%，但湖北省桥梁的每公里环保投资高达793.73万元，远高于表3-6中湖北省高速公路的平均值83.36万元。陕西隧道与湖北省桥梁的环保投资总体情况有所差别，环保比例1.3%略高于表3-6中陕西省高速公路的平均值0.90%，而且每公里环保投资均值116.81万元明显高于表3-6中42.67万元的平均值。

(4)自然区域差异

不同的自然区域的公路项目在环保投资方面也存在一定的差异，陕西省不同自然环境区域环保投资估算值见表3-8和图3-2，从表中可以看出不同自然环境区域环保投资有着较大的差异，关中平原地区为35万元/km，而陕北黄土丘陵沟壑区为60万元/km。

陕西省不同自然环境区域环保投资估算值(单位:万元/km)　　表3-8

关中平原地区	秦岭巴山山地	渭北黄土高原区	陕北风沙滩地区	陕北黄土丘陵沟壑区	平均值
35	40	40	50	60	45

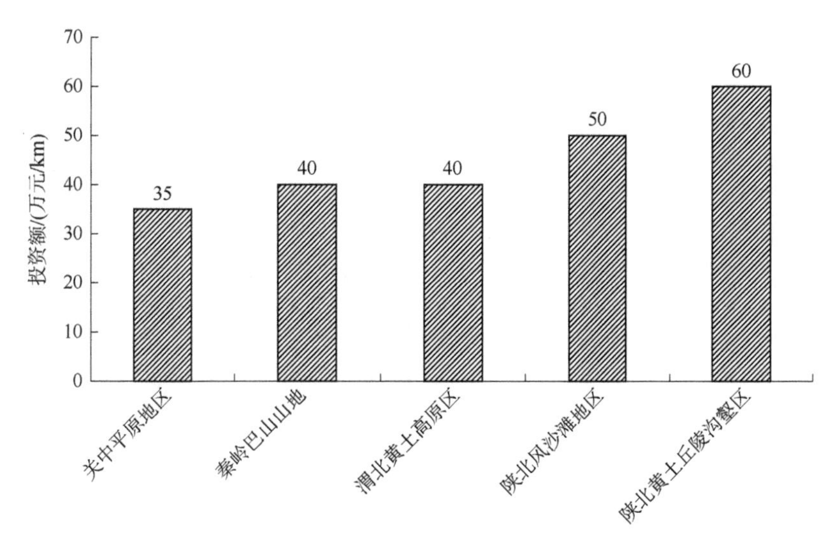

图3-2　陕西省不同自然环境区域环保投资估算值

资料来源:陕西省主骨架公路环境保护规划研究报告。

3.1.2 公路环保投资的使用结构分析

1)不同阶段的公路环保投资概况

公路在建设前期、施工期和运营期的环保投资的数额有很大的差异。如西安市三环路各个阶段的预计环保投资见表 3-9 和图 3-3。可见三环路施工期的环保投资占总投资的五分之四多,运营期环保投资占近五分之一,而建设前期仅占约 1%,虽然这只是西安三环路的三个阶段的环保投资的比较,但它也可以折射出我国整个公路的环保投资使用的相对比例,据我们调查分析其他公路的施工期环保投资均占总投资的 80%左右。表 3-9 的数据分析结果也基本和三环路的各阶段投资吻合,表 3-9 中的数据显示环评、环保设计、科研平均值为 1.10%,运营期管理、维护、监测等费用为 17.99%,其他主要为施工期,占 81%。

西安市三环路各个阶段的预计环保费用(单位:万元)　　表 3-9

总投资	建设前期	施工期	运营期
23006	200	18896	3910

注:以上数据均为估算数据,主要依据三环路的环境影响评价相关数据整理。

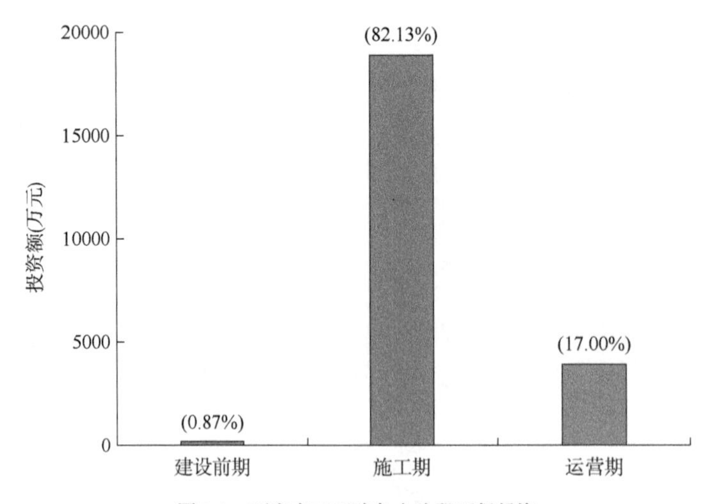

图 3-3　西安市三环路各个阶段环保投资

注:括号内表示各阶段环保投资占总环保投资的比例。

2)不同使用目的的公路环保投资概况

对公路环保投资的使用结构进行分析,在此我们主要选择如图 3-4 所示的几个主要指标对高速公路环保投资进行分析研究。具体统计分析结果如图 3-4 和表 3-10 所示。经分析可知,整体上讲我国公路环保投资主要用于绿化和水土保持,而其他方面投资所占比例较少。绿化和水土保持的费用之和占 68.5%,实际上在水土保持、生态的大部分和噪声方面都包含绿化方面的投资,高速公路用于绿化方面的投资大多都在 70%以上。用于噪声、水和降尘方面的投资基本都在 3%左右。这一方面说明水土保持和绿化是公路环保投资的重点,大家比较重视绿化和水保;另一方面这也是由于我国现行的环境管理体制造成的,国家对绿化水保的验收制度和方法比较健全且容易操作,绿化的好坏很容易在感观上得以发现,往往人们有一种错觉,好像公路的绿化效果好、绿化率高就说明整个公路环保工作做得好。

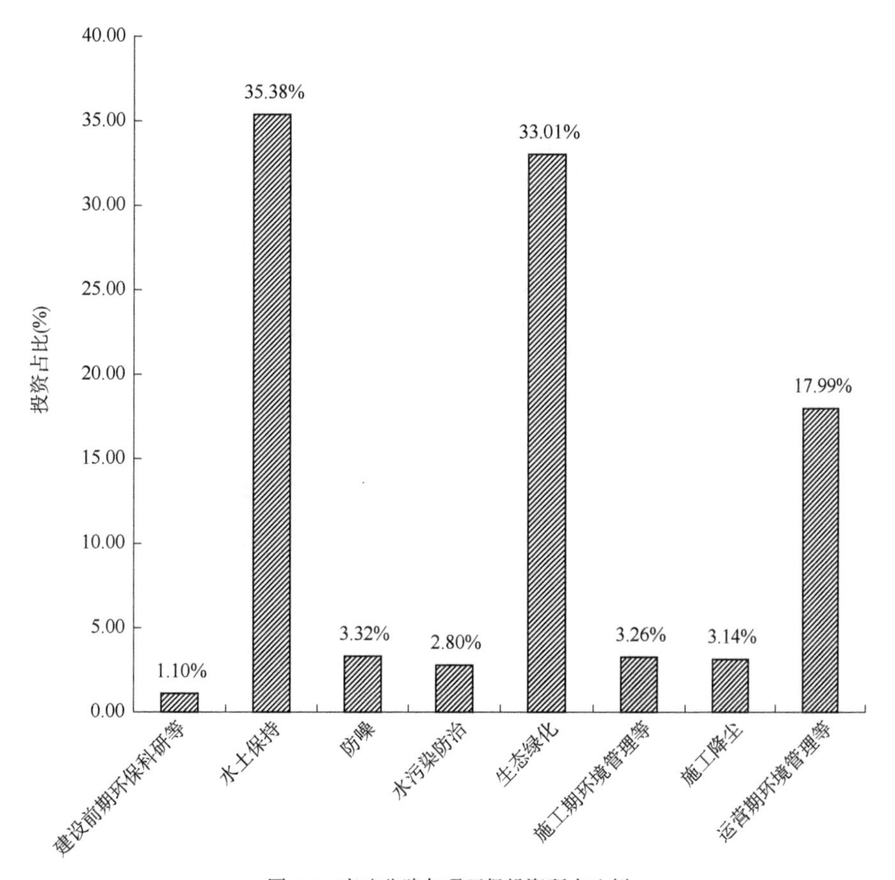

图 3-4 高速公路各项环保投资所占比例

我国高速公路环保投资费用统计表(单位:万元)　　表 3-10

路段名称	环评、环保设计、科研	水土保持	防噪	水污染防治	绿化、生态景观保护	施工期环境管理、监测等费用	施工降尘	运营期管理、维护、监测等费用
广东湛江至徐闻高速公路	80 (0.63%)	6879 (54.20%)	184 (1.45%)	320 (2.5%)	2151 (17.05%)	452 (3.56%)	321 (2.53%)	2304 (18.15%)
重庆绕城高速公路	42 (0.67%)	2163 (34.37%)	67 (1.06%)	160 (2.54%)	2147 (34.11%)	226 (3.60%)	346 (5.50%)	1143 (18.16%)
二连浩特至海口国道主干线户至洋县高速公路	150 (2.11%)	2572 (36.16%)	62 (0.87%)	220 (3.10%)	2450 (34.44%)	220 (3.10%)	90 (1.27%)	1349 (18.97%)
陕西蓝田至商州高速公路	80 (1.03%)	683 (8.80%)	900 (11.60%)	300 (3.87%)	4230 (54.53%)	140 (1.80%)	250 (3.22%)	1174 (15.13%)
国道主干线衡阳至昆明公路全州至兴安段	60 (1.63%)	987 (26.75%)	35 (0.95%)	50 (1.36%)	1415 (38.35%)	186 (4.88%)	173 (4.69%)	784 (21.25%)
云南国道 213 思茅至小勐养高速公路	—	299 (25.93%)	76.5 (6.63%)	290 (25.15%)	260 (22.55%)	142 (12.32%)	—	85.5 * (7.41%)
总计 (占比均值)	412 (1.10%)	13284 (35.38%)	1248 (3.32%)	1050 (2.80%)	12393 (33.01%)	1224 (3.26%)	1180 (3.14%)	6754 (17.99%)

注:1.水污染防治费用包括桥面污水收集处理费用、服务区、收费站污水处理设施费用。

2.施工环境管理、监测等费用还包括施工期的垃圾处理费用、有关环保培训费用。

3.绿化、生态景观保护包括文物保护、生物通道费用。

4.运营期费用按 20 年计算。

5.思茅至小勐养高速公路统计数据不全,在总体平均计算时就没有算入其值,思茅至小勐养高速公路没有统计有关绿化的投资。

6.括号内表示该项投资占总统计环保投资的比例。

7. * 只包含运营期的环境监测费用。

3.2 公路建设项目环保投资的管理

公路建设项目环保投资作为公路建设总投资中不可或缺的一部分,要实现公路建设项目环保投资,首先要做到的是经济保障,这也是公路环境管理技术能否顺利实施的重要前提之一。提高公路环保实际效益的一个重要手段就是加强环保投资的全程管理。环保投资管理是以保护与治理环境为目标,以环保投资的计划组织、筹集使用、绩效评价等为主要内容的环境管理。环保投资管理主要是对社会各有关投资主体从社会积累各种资金中支付用于污染防治、保护和改善生态环境的资金,以及将这些资金用于转化为环境保护的实物资产或取得环境效益的行为和过程进行管理。本节主要介绍我国公路建设各个阶段的环保投资管理状况。我国公路环保投资主要的管理实施机构是各级交通环保主管部门和项目办等专设的环保机构,现阶段,我国高速公路环保投资的一般管理模式如图 3-5 所示。由交通运输部环境管理办公室主管,下设交通厅环境办公室和县级以上交通主管部门直接管理基层工程、环境监理和各项目办环保处,并形成施工单位环保领导小组。各类直接施工单位同时由政府环保主管部门间接管理。

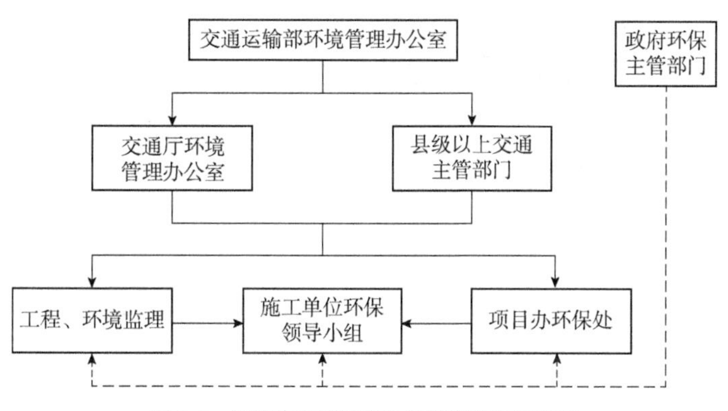

图 3-5　公路建设项目环保投资管理实施机构

注:实线代表直接管理;虚线代表间接管理。

公路建设项目环保投资管理是公路建设环境管理中的重要一环,公路建设项目环保投资全程管理就是要实行一套从建设前期到施工期再到运营期全过程动态的公路建设项目环保投资的管理,实现各阶段环保投资的相互协调、相互制约和相互检验的系统管理,最终通过管理手段提高公路环保投资的实际效益。为体现各环节的环保投资管理要求,特将管理项目具体分为建设前期环保投资管理、施工期环保投资管理及运营期环保投资管理来具体讨论,最终实现各阶段的环保投资的协调统一。

其中,公路建设项目多在施工期和运营期将会对周围环境产生较大影响。公路建设项目在生态、环境污染和社会环境等方面都会产生较多影响,比如植被破坏、水土流失和生物多样性减少等生态变化;噪声、振动、水和大气等环境污染;拆迁与再安置、基础设施破坏、文物变迁以及对沿线居民等的社会环境影响。鉴于此类影响,进一步做好公路建设项目的环境保护工作则显得尤为重要,要保障对公路建设项目的环境保护工作,最重要的是要投入合适的环保投资并对其合理使用,而想要精确、合理地完成对环保投资的使用,对其环保投资的管理是十分必要的工作。在公路建设项目环保投资体系建立的过程中,要健全具有针对性的控制措施和投资方式,保证阶段性管理手段能真正发挥其实际价值。目前,将公路建设不同阶段的环境保护投资项目管理分为建设前期环保投资管理、施工期环保投资管理以及运营期环保投资管理,运行过程中还需针对实际问题进行综合管理,达到各管理阶段的协调统一,并且结合针对性的处理机制,保证管控体系和管理效果的最优化。

3.2.1 建设前期环保投资管理

项目建设前期的准备工作十分重要,需要相关施工部门给予高度重视,不仅要对施工图设计以及施工材料机械等进行系统化分类,也要对相关运营计划进行统筹处理。项目建设前期主要包括项目规划阶段、可行性研究阶段及设计阶段,其主要作用是对项目进行决策。建设前期的环保投资主要是在环境影响评价、环境规划、环境保护总体方案设计和环境保护工程设计等以环境保护为重点工作产生的投资,主要包括环保科研管理费、环境保护项目规划费以及环境保护项目评价费和设计费等。此类费用则主要由业主,即项目委托方支付,主要由相关的交通主管部门进行管理。

我国应加强对建设前期环保投资的管理,保证投资的有效性,委托方要严格监督以保证各环保投资被有效使用,要定期检查环保投资的使用情况,聘请有关专家对其评价、设计和科研等工作进行中期评审。要对环境评价费用、环境保护工程设计费用以及环境保护总体设计方案等进行系统化分类和整合,统筹处理相关影响和评价模型。要真正从全局角度出发,结合公路项目的运营条件和环保要求,建构系统化的管理策略和管理规划。其中,环评和环保科研等单位应充分利用环保资金进行公路环境评价和开展环保科研工作,并积极向委托单位说明环保投资使用情况,充分发挥这部分环保投资的作用,使其成果对施工期和运营期的环保投资的有效使用起到良好的指导和促进作用,为以后的其他交通项目环保工作提供宝贵经验。

3.2.2 施工期环保投资管理

公路建设项目施工期对环境的影响是最大的,而且影响是十分广泛的。

对生态环境造成破坏。项目建设过程中会破坏处于稳定状态的生态系统,破坏生态系统的完整性,使动物的生存环境碎化,对动物通道产生阻隔,破坏动物的生长环境,而且施工过程中产生的噪声、废水和废气都会对动物产生影响。施工机械和运输材料车辆对地表的碾压、施工人员的踩踏等会对植被及土壤的物理架构造成破坏性的影响,造成植物生长不良,另外,施工期废水的排放会改变农田或水体的 pH 值,进而造成农作物减产等情况,会对植被产生影响。项目建设过程中会对土壤资源产生永久占用和非永久占用的情况,破坏土壤资源,同时水流和土壤由于受到高速公路建设的影响而产生相互间作用导致土壤受到侵蚀,而机器设备的机油或汽油渗漏也会对土壤造成污染。施工过程中极易出现乱挖现象,极大地影响着地表土壤,对生态环境造成很严重的破坏,最终导致水土流失严重。

造成自然环境污染。施工的建筑用材和现场扬起的粉尘,熬制、搅拌沥青的工作过程中生成的沥青烟,铺筑过程中产生的有毒有害气体、施工机械及材料运输车辆产生的大量废气,都会对大气造成污染。施工期间各类机械设备会发出各类噪声,会造成噪声污染。挖泥、取砂会引发地表水水质混浊,因施工设备造成的油污水,施工者的生活废水、预制场和拌和站产生的污废水,不经过处理而直接排入水体等现象也会对地表水造成污染,因保管不当而进入水体的沥青、化学品、油料同样会造成水体的污染。废弃的土方、材料,施工废模板、设备、废料,施工设备废油,生活垃圾等固体类废物同样会产生环境污染。

对社会环境影响方面，施工过程会对沿线居民生活、学习和工作等产生严重影响，从而导致居民心理和生理上的影响。建设过程中不可避免地会对沿线景观产生影响，像切割自然景观、破坏景观空间连续性等。而且施工路线不可避免会遇到一些文物古迹，施工过程会对其产生一定的影响和破坏。例如在取弃土工程中，因为机械操作不当，对地下文物造成破坏。施工机械振动、材料运输车辆的来往、建筑垃圾的排放、机械油污的渗漏都会不同程度地对文物产生影响等。

鉴于施工期产生的三个方面的环境影响，在公路建设项目施工期进行环保投资是十分必要的，而且需要对其环保投资进行合理性规划管理，才能确保施工期环保投资真正用于环境保护，使施工期对环境产生的影响明显降低。

所以，在建设项目施工期运行过程中，要充分践行环境保护的相关要求，对具体操作流程的可行性进行系统化分析和综合管控，确保处理模型和处理机制的有效性，也为管理层级的升级提供动力，并深度分析其运行参数的实效性。项目建设期主要包括准备、施工及竣工验收三个阶段。这一时期的环保投资主要是在高速公路建设项目施工期以环境保护为目的开展的各项环保措施、环境工程、环境管理和监测等工作产生的费用，此类投资主要包括环保单项工程费、环保污染防治费、环保科研费、生态环境保护费等。项目施工期是对环境生态、景观和社会环境影响最严重的时期，在这一阶段，如果项目的施工组织设计不合理、施工管理不严格，都将会对环境造成较大的影响和破坏。所以施工期的环保投资占环保总投资的比例最高，比例高达 80%左右，而且，这一时期对于环保投资的管理较为复杂，同时要考虑高速公路项目施工期环境效益可行性分析指标(表 3-11)。目前，我国对项目前期的环境保护比较重视，主要体现在实施了环境影响评价制度，但在项目建设期和运营期的环境管理还比较薄弱。现阶段，我国环保投资管理工作主要由业主和监理(现阶段的监理主要是指工程监理，虽说我国公路在逐步实施环境监理，但还没有支付权和签字权)共同管理。而且在施工过程中，要保证环保单项工程费用以及环保污染防治费用，因此，要提高环保工作中环保投资管理的重视力度和有效性，但由于环保投资相关制度和标准还不完善，对施工期的环保投资还没有形成科学化、规范化的管理程序和方法，使得施工期的环保投资管理比较困难。所以，我们应该尽快解决施工期环保投资管理方面的问题，建立专业化的环境监理队伍，对施工期的环保投资实施规范的量化管理；加快制定有关制度、法规，以便对施工期环保投资做到“有据可依”的规范管理；制定相关措施使得环保投资的实施效果与施工单位的内部效益紧密结合，从而提高施工单位有效运用环保投资的积极性，保证环保投资在施工期的有效使用。

高速公路项目施工期环境效益可行性分析指标　　表3-11

一级	二级	三级	指标说明
D_1 高速公路项目施工期环境效益可行性分析指标	D_{11}水土污染指标	D_{111}单位路段施工污废水排放量	定量。=施工期污废水排放量/影响路段长度(km)
		D_{112}单位路段施工固废排放量	定量。=施工期固废排放量/影响路段长度(km)
	D_{12}大气污染指标	D_{121}单位路段施工沥青烟排放量	定量。=施工期沥青烟排放量/影响路段长度(km)
		D_{122}单位路段施工TSP排放量	定量。=施工期TSP排放量/影响路段长度(km)
	D_{13}耕地征用指标	D_{131}永久征用耕地面积	定量
		D_{132}暂时征用耕地面积	定量。因建弃渣场临时占用
		D_{133}暂时征用耕地可恢复率	综合
	D_{14}土地占用指标	D_{141}永久占用土地面积	定量。非耕地面积
		D_{142}暂时占用土地面积	定量。非耕地面积
		D_{143}暂时占用土地可恢复率	综合。非耕地土地
		D_{144}房屋拆迁面积	定量
	D_{15}动植物影响指标	D_{151}动物破坏影响	综合。施工沿线动物
		D_{152}农作物破坏性影响	综合。施工沿线农作物
		D_{153}植物破坏性影响	综合。施工沿线非农作物
	D_{16}社会环境影响指标	D_{161}施工噪声影响度	综合。对沿线居民影响程度
		D_{162}居民拆迁影响度	综合。拆迁对社会环境影响
		D_{163}交通影响度	综合。对沿线交通影响程度
	D_{17}环保费指标	D_{171}施工期环保费	定量。环保措施投入
		D_{172}施工期环保费率	定量。环保费用占总投资比例

3.2.3　运营期环保投资管理

公路建设项目施工结束后要进入运营阶段，这个阶段内，运营公路项目环保投资结构也要符合实际需求和管控机制，环保设施运营、保养以及养护措施都是环保管理的重点内容，只有从根本上提高其整体管理效果和控制措施，才能进一步提高整体管理效果。其中，运营期环保投资主要为各项环保设施运营、保养、养护、维修和环境管理、监测等环节产生的费用,主要包括环境影响后评价费、环境管理和监测费、环境工程养护费等。在公路项目运营阶段,要对环保后评价费用以及环境管理费用等进行有效处理和综合性控制,确保工程养护体系和环境设施维护模型的有效性,也要结合实际项目的运行机制和管理效果增设环保设施费用,并且对环保科研体系和应急措施展开深度调研,确保环保工程费用的完整度和实效性。但是,在公路建设项目实际的运营期中,大量车辆的连续运行会对沿线环境产生越来越大的影响,因此加强运营期的公路环境保护愈显重要,运营期的环保投资管理也就需要更加严格。现阶段,运营期的环保投资管理主要由高速公路管理局、各级公路局进行管理,对环保设施进行管理、维护或增加环保设施建设。我们应重视公路运营期环保投资的管理,保证运营期的环保投资充分发挥效益,保证建设前期和施工期的环保投资的效益得到很好的延续,如果运营期环保投资得不到合理的使用,会造成很多的不良后果。也就是说,运营期的管理体系中,结合实际情况建立的环保投资控制项目要在符合实际的基础上,满足具体要求。

比如,随着运营期的加长、车流量增加,我们应加大环保方面的投资,如增建噪声屏障、路边绿化等环保工程,减少对沿线环境的影响。

3.2.4 各阶段环保投资管理的协调

公路建设项目整体运营过程中,在高速公路建设前期,就要对施工项目和运营结构有所预估,一般而言,环保投资项目会存在一定差额,而这也是我国公路项目环保投资体系中经常出现的问题。建设期的投资额度占总额的80%以上,运营期花费在项目管理、项目监测以及公路维护项目中的环保投资费用占总额的15%左右,也就是说,前期准备工作约占5%。因此,企业要提升环保积极性,建立健全更加系统化且完整的管理模型和控制框架体系,从而优化环保投资项目的实际效率,也为公路建设项目环保投资利益的最大化奠定坚实基础。而目前公路建设项目环境管理中存在的问题是项目全程环境管理欠缺,环境管理的体系不完整,而且同一项目中可能存在多个隶属管理单位或实体,各单位或实体之间存在各自利益行使管理权,缺乏相互协调、统一问题。主要表现为:建设前期环境管理不全面,建设期缺乏环境管理,运营期的环境管理薄弱。鉴于公路建设项目管理本身存在较大欠缺,想要做好对环保投资的管理就需要各个阶段的环保投资相互协调、统筹兼顾。首先,要重视环评和环保设计等建设前期工作,这一部分工作的好坏将直接影响环保投资的规划和使用效果,进而影响施工期和运营期的环保投资效果。其次,不要重建设(施工期)轻管理(运营期),也不要重管理轻建设,而应切实做到建设和管理的协调统一。在以往的环保管理工作中,我国“重建设轻管理”的情况比较常见,例如有些高速公路在绿化工程结束后一段时间效果较好,但随着时间加长就出现了很多问题,特别是服务站、区的污水处理设施由于缺乏维护管理,出现处理效果差、出水超标严重等情况。各阶段环保投资管理协调关系如图 3-6 所示。

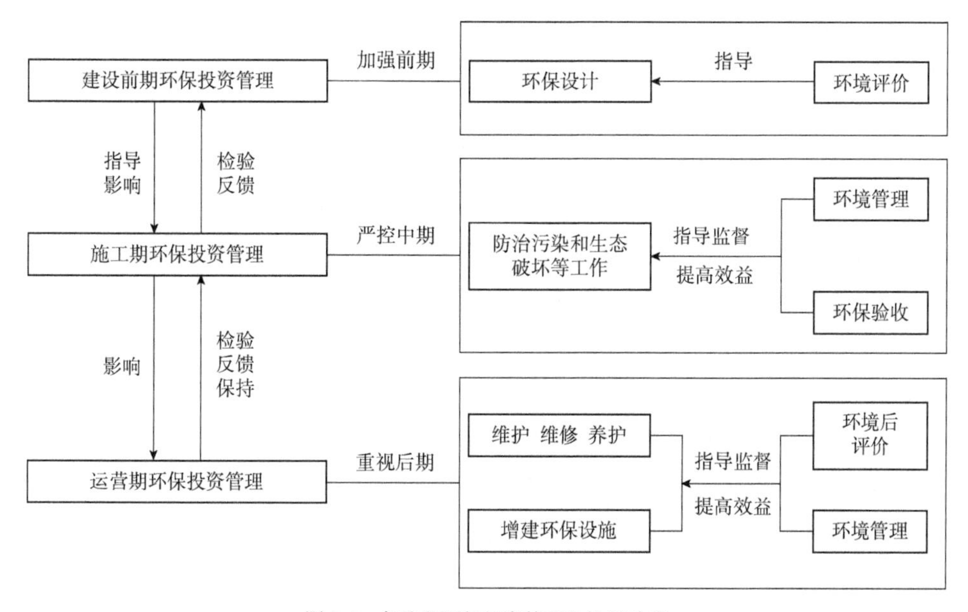

图 3-6 各阶段环保投资管理的协调关系

我国公路建设环保投资管理现阶段还没有实现全过程的实时管理,对投资的管理基本停留在结果控制,主要通过环保验收的方式对环保投资的实施和有效性进行检查评定。因应用结果控制这种模式很容易造成建设各方不重视环保等问题,导致在环保验收时无法直接看到其效果,所以在之后的公路建设项目过程中要重视对环保投资的全过程管理,加强环保投资管控,实现环保投资的合理使用以及环保工作的切实进行,同时,在公路项目的建设前期、施工期、运营期都要引入公众参与,实现公众对公路环保投资管理的全过程参与,真正实现对公路建设项目过程中产生的环境问题的合理有效解决。

3.3 小　结

本章主要分析了现阶段公路环保投资的投资规模结构、投资使用结构和投资管理等相关内容。

因公路环保投资相比其他工业化环保投资项目具有单一性、独立性，所以在进行环保投资规模分析时采用了典型的公路建设项目过程中进行的环保投资规模与其他类环保投资项目对比研究过程，通过与其他产生污染类项目相比，公路环保投资规模整体相对较少，而且在不同等级公路建设过程中投资规模有明显的差异，低等级公路环保投资规模相比高等级公路环保投资规模要小得多，特别是高速公路，在交通部门的环保投资额度相对最高。

在公路环保投资使用结构方面，环保投资费用主要分为建设前期环保投资、建设期环保投资和运营期环保投资。其中，建设期作为公路项目中对环境产生影响最大的时期，所以这一时期也是环保投资费用使用最多的时期；建设前期主要是项目论证和相关文件费用，所以这一时期是环保费用使用最少的时期；运营期是长期存在而且与公路使用过程密切相关的时期，所以这一时期的环保投资费用相对要比建设前期多一点。

对于公路建设项目环保投资的管理，我国现阶段总体管理方式主要依靠环保验收等结果控制模式，还缺少全阶段的过程性管理。而且对于建设前期、建设期和运营期的投资管理比重划分较模糊，没有明确具体的各个时期应该着重管理的比重，特别是在建设期和运营期应该合理规划环保投资的管理工作，这样才能确保建设期环保工作的合理有效开展和运营期环保工作的有序进行。

由于现阶段各地公路环保投资的统计标准不够统一，加之收集的资料和调查范围等多方面因素，本章对公路环保规模投资分析的数据还不够全面，存在一些数据因统计方式变化、统计工作丢失等状况而无法更新的情况，所以仅依据现存的数据资料，由于分析的局限性，还无法完全反映我国现阶段公路环保投资规模的总体特征，但通过本章基于全国范围内典型公路建设过程中对于环保投资的规模来看，能从大体上反映出全国公路建设项目对于环保投资的重视程度。同时也能够为以后进行相关研究做一些基础性资料储备，为我国公路建设项目的环保投资规模结构提供参考。

第4章 公路建设项目环保投资效益概述

公路建设项目环保投资效益分析主要是对我国公路建设项目在自然环境、生态环境和社会环境等方面环保投资的实际效益情况进行分析。公路建设项目环保投资效益按其得到收益的直观程度,可分为采取操作性强、切实可行环保措施后挽回的经济损失等不宜采用具体货币形式衡量的直接效益和在实施有效的环保措施后产生的间接效益两大类。本章主要概述环保投资效益分析的有关基本概念,分析我国公路环保投资效益现状,对公路建设项目环保投资效益分析的具体方法进行分析研究。

4.1 环　境

环境,是指围绕着某一事物(通常称其为主体)并对该事物产生某些影响的所有外界事物,即环境是指相对并相关于某项中心事物的周围事物;环境会因中心事物的变化而产生变化,围绕中心事物的外部空间、条件和状况,构成中心事物的环境。对不同的对象和科学学科来说,环境的内容也不同。人类活动对整个环境的影响是综合性的,随着周围条件以及不可预测影响因素的介入,人类对环境起到促进作用的同时,环境系统也会从各个方面反作用于人类,其效应也是综合性的。

人类环境习惯上分为自然环境和社会环境。其中自然环境是指环绕人类周围的自然界,包括大气、水、土壤、生物和各种矿物资源。社会环境是指人类在自然环境的基础上,为不断提高物质和精神生活水平,通过长期有计划、有目的的发展,逐步创造和建立起来的人工环境,如城市、农村。社会环境的发展和演替,受自然规律、经济规律以及社会规律的支配和制约。经济环境是社会环境的重要内容之一,是环境内容的重要组成部分,是具体分离出来的指标。这与社会经济制度、人类消费需求、产业结构和物资状况等有着密切的关联性。

4.2 环境费用

环境费用是环境价值的货币表现,指经济活动中为消除不良环境影响所必需的消耗。环境费用一般由两部分组成:一是指环境受到污染和破坏后而造成损失的货币表现;二是为防治环境污染和破坏而造成的损失采取的防护治理,以及其他相关工作所需资金的货币值。所以环境费用一般由社会损害费用和环境控制费用组成。

4.2.1 社会损害费用

社会损害费用是指人们在开发利用自然资源和生产生活中排出的废物,对环境污染和破坏的损害费用,以及人们所采取的一般防护费用。

1)环境损害费用

人类活动必然会对环境产生污染甚至是破坏,进而导致人类经济的损失,这种损失的货币值就是环境损害费用。如农田被污染后农产品产量和质量下降,河流被污染后渔业受损造成的经济损失等。

2)防护费用

这里所说的防护费用,是指在环境受到污染和破坏时,人们(个人或集体)所采取的一般性防护措施的费用。如人们在生产生活中为防护环境影响而自身使用的一些防护物品和措施等的费用。

4.2.2 环境控制费用

环境控制费用是指国家和企业为防护和治理环境污染和破坏,而采取的各项措施的费用,一般分为防治污染费用和环境保护事业费用。

1)防治费用

防治费用是指国家和企业为控制和预防环境污染和破坏,而进行的环境保护建设项目和环保设施的建设费用、使用和运转费用,以及环境监测费用等。比如在公路建设项目中,在对动物保护过程中,采取修建动物通道和动物桥的保护措施过程产生的防治费用。如今,实际我国的动物保护类通道设置率不高,很难考虑动物的迁徙习惯来进行精准设置，从而对野生动物的保护作用起到的作用不大。相比高速公路，普通公路的通道设置工作更少，基本未设置专门动物迁徙通道，所以在普通公路上时常会有穿越公路的动物被车辆撞伤或扎死等事故的发生，这也十分不利于生态环境的平衡发展，这也是环境防治费用合理使用的一大挑战。

2）环保事业费用

环保事业费用主要包括环境保护科研费用和环境保护管理的有关费用等。

4.3 环境资源价值

关于环境资源价值的构成有着很多不同说法，大多数环境经济学家比较认同如下的概念框架，即一种资源的总经济价值（TEV）等于它的直接使用价值（DUV）、间接使用价值（IUV）、选择使用价值（OV）和存在价值（EV）之和，即：

$$TEV = DUV + IUV + OV + EV \tag{4-1}$$

式中，DUV、IUV 和 OV 属于使用价值，EV 属于非使用价值，DUV 作为直接使用价值可以经由市场直接计算，而 IUV（与现实的间接使用有关）和 OV（与未来的使用有关）由于是非直接使用价值，基本上不能由市场直接表达，它要借用一些特殊计算方法来计算。但 EV 属于非使用价值，在如何理解和计量上存在很大问题，大多数经济学家认为，对环境资源的经济价值进行计量时，只能基于环境资源的使用价值，非使用价值的评估几乎无法计量，而且由于这些价值都涉及将来未知的事情，很难预知。例如：在墨西哥的一座小山上发现的一些正要被清除的多年生植物，后来用它杂交的多年生玉米，估计由此每年可创造 68 亿美元的价值，这在我们评估的时候，几乎是不可能预知的。所以环境资源的总经济价值就可以改写为如下形式：

$$TEV = DUV + IUV + OV \tag{4-2}$$

直接使用价值是可直接作为商品在市场上进行交换的环境资源产品，例如森林提供的木材和各种林副产品及其合成品；间接使用价值是由于环境资源所具有的调节功能、载体功能和信息功能而形成潜在价值的资源，例如森林所提供的防护、减灾、净化、涵养水源等生态价值和提供休闲和娱乐服务的价值；选择价值包括“近期未来的选择价值”和“远期未来的选择价值”，前者具有一定的可预测性，可参考现时的价值评估系统,而后者的计算量具有很大的不确定性,所以在实际量化计算时也只能计入“近期未来的选择价值”。

4.4 效 益

《汉典》中对效益的解释为效果与利益,是效果和利益的综合体现。其中效益是指项目对国民经济发展所做的贡献,包括项目本身得到的直接效益和由项目引起的间接效益,也是指通过消耗资源、劳动等获得的成果之比;效益又指劳动占用、劳动消耗与获得的劳动成果之间的比较。效益也指因为环保措施而使得环境污染降低,从而带来的各种社会、经济收益。公路项目环保投资项目的主要三效益是指:环境效益、经济效益、社会效益,以此建立系统化且统筹效果较好的投资体系。下面将一一进行简单介绍。

4.4.1 环境效益

广义的环境效益是指经济活动(包括开发利用自然资源、生产活动等)所引起的生态环境变化。狭义的概念则是指经济活动引起的有利的生态环境变化。环境资源的效益可以用钱来衡量,环境效益指的则是用钱来衡量的效益。这里采用广义的概念来进行阐述。环境效益是指由于人类的活动给环境系统的生物因素和非生物因素,以及整个生态系统造成某种影响而产生效应,也可说环境效益是指人类活动引起的环境质量变化,从而对人和其他生物产生某种影响的效果。针对人类的日常生活活动都与自然息息相关,会对环境造成一定的影响,导致环境效益指标呈现动态发展的趋势,并且在综合环境效益指标评估结果中,衡量人类自然活动下造成的环境效益影响。

环境质量的变化,会对人类以及自然界的其他生物体产生不同程度上的影响。在环境效益管理机制中,要对其进行全面分析和整合,并对不同层面的具体要求进行细化分类和集中处理,所以环境效益有正效益和负效益之分。环保性行为会产生正环境效益,例如,植树造林活动会明显改善生态环境,使得空气清新、气候正常,其环境效益为正值;破坏环境的行为会产生环境负效益,例如,向环境排放过量的“三废”,即污染水体、土壤和大气,使得环境质量下降,这就是负的环境效益,通常称为环境损失,对人和生物都会产生负面影响,就会使得环境损失问题较为严重。

环境效益可包括直接效益和间接效益、短期效益和长期效益、可计量效益和不可计量效益等。此外,环境效益也具有多层次性,包括宏观环境效益和微观环境效益两个基本层次。宏观环境效益是指区域大范围的环境效益,微观环境效益主要是指以企业为主要代表的点上的环境效益。微观环境效益是宏观环境效益的基础,宏观环境效益是微观环境效益的综合。环境效益本身除去环境损失和环保费用之后则是环境净效益,更能直观表达对环境保护产生的真实收益状况。

环境收益在项目建设初期无法直接得知,因此必须采用一定的方法进行估计。生态环境收益是由于项目的实施使环境质量提高而引发的收益。这种收益一般可用市场价值法估计,即估计项目实施前后各环境因素质量提高的市场价值,可总结为下式:

$$L = \sum_{j=1}^{n} P_j (Q_{0j} - Q_j) \tag{4-3}$$

式中:L——生态环境收益;

P_j——价格因子,表示第 j 个生态环境因素的市场价值(具体表现为土壤价值、作物价格、生活设施价格等);

Q_{0j}、Q_j——数量因子,分别为项目实施前与实施后第 j 个生态环境因素的数量(具体表现为土壤面积、作物产量价格、生活设施数量等);

n——生态环境因素的个数。

4.4.2 经济效益

任何一项经济活动首先必须有经济效益才是可行的,经济效益是经济活动对国民经济的贡献,表现为经济活动对增加社会产品和国民收入的能力,是公路环保投资体系中的附属性收益项目,是为了达到一定目的而进行的生产活动,在公路建设项目中会占用以及消耗一定的劳动力,其产生的满足社会需要的劳动成果是一种对比关系。也就是说,在公路项目环保投资活动建立后,产出和投入之间的比例就是实际环保投资项目的经济收益,从而建立完整的处理机制和控制措施。一般经济效益包括物质效果和经济效果,物质效果表现为资源的合理利用,产品品种、产品质量、社会需求满足程度等,是以使用价值形态考核的;经济效果表现为劳动的占用与消耗、产品的成本、产值、利润等,以价值形态考核。

经济效益就是人类为达到一定的目的而进行的生产活动所占用及消耗的劳动,与所产生的满足社会需要的劳动成果的对比关系。也可概括为产出与投入的比较,或所得和所费的比较,即:

$$E=\frac{X}{L} \tag{4-4}$$

式中:E——经济效益;

X——劳动成果;

L——劳动消耗。

4.4.3 社会效益

社会效益指某项活动所产生的社会效果或贡献。一项活动的社会效益不仅从某项活动的本身,更重要的是从受活动影响的社会角度来评价该活动的社会效果和贡献。这里所说的活动,主要是指人类的经济活动,也包括其他的非经济活动。所以社会效益的内涵包括三方面主要内容:一是人类活动中一定投入对提高人民福利水平作用的内容;二是人类活动中一定投入对提高社会文明作用方面的内容;三是人类活动中一定投入对人自身的合理再生产作用的内容。在实际管理体系中,社会效益是公路建设项目对社会产生的效果和贡献,其活动过程中的直接效果和间接效果要符合实际。一方面,直接效果也被称为内部效果,能借助计量方式进行统筹分析和综合性处理,投资活动产生的直接效果都是企业自身进行有效内化后能直接产生收益的。另一方面,间接效果也被称为外部效果,是公路项目环保投资活动对于社会产生的非直接性效果,其产生的效益也被细化区分为社会效益和环境效益,并且会产生一小部分间接经济效益,从经济结构上进行有效计量,而不是从经济实际收益方面进行数据的测量和评定,也就是说,能保证基本效果的最优化,并且升级其实际应用迷信的实效性。

社会效益主要体现在国家民族、科学教育、文体卫生、公益福利、生态环境和身体健康等多方面。社会效益的对象是社会,所以许多社会效益很难或不能用货币指标进行定量分析,只能进行定性分析。一般来说,人类活动可以产生两种效果,即直接效果和间接效果。由活动本身产生的效果为直接效果,或称内部效果,这种效果一般均可计量,如对经济活动内部的经济计量;活动对社会产生的非直接效果称为间接效果,也称为外部效果,外部效果多表现为社会效益和环境效益,以及一些间接经济效益。外部效果有些在经济上可以计量,但多数在经济上不可计量或很难计量。

4.4.4 “三效益”的协调统一

从上述对经济效益、社会效益和环境效益的概念和内涵的论述中可以看出,经济效益、社会效益和环境效益的相互间存在着既对立又统一的辩证关系。首先在“三效益”之间存在着相互矛盾和对立的关系,这种矛盾和对立主要是人们在社会经济活动中,往往只重视直接的经济效益,而忽视它们间接的社会效益,更不重视与人类的整体利益和长远利益相关联的环境效益;其次,“三效益”能在一定的条件下具有相互统一和相互转化的关系,如果经济系统在运转中能做到降低物耗、能耗、实行废料资源的综合利用和原料的深层次加工,那么,在其提高经济效益的过程中就能同时减少污染物排放,从而也能同步提高社会效益和环境效益。如果生态环境保护系统能建设得比较配套、运转得比较合理,就能在提高环境效益的同时,给经济系统提供较多的自然资源,为提高经济效益创造资源条件,还能为人类提供较高的生态环境条件,从而提高社会效益。所以,“三效益”之间在一定的条件下是可以实现统一,形成良性循环的。

4.5 环境效益费用分析

4.5.1 环境效益费用分析概述

效益费用分析(Benefit Cost Analysis)简称效费分析(BC 分析),主要是对人类各类社会经济活动会对环境及自然资源配置造成的影响进行评估时所采用的主要评价技术,是鉴别和量度某一项目或规划的经济效益和费用的系统方法,是一项活动所投入资金(费用)与其所产生的效益进行对比分析的方法。环境效益费用分析是效益费用分析的基本原理和方法在环境经济分析中的应用,是经济学家用来评价项目合理性的最普遍应用的方法,又被称为成本效益分析、费用效益分析、经济分析、国民经济分析或国民经济评价等。把效益费用分析应用于环境经济分析,不但是对效益费用分析在应用方面的发展,也是对环境经济分析方法的重要完善。

环境效益费用分析主要是以新古典经济学理论为基础发展起来的,会随着应用的扩展成为环境经济评价分析的基本方法。主要通过建设项目对环境的影响进行价值估算,进而可以把人类对环境的关注带入项目的可行性分析、实施和后评价等工作当中。环境效益费用分析是根据实际的环境状况,搜集有关数据,计算环境污染或破坏引起的实物型损失,再对实物型损失进行货币量化的一种方法。外部经济性造成的危害是环境效益费用分析的研究重点。环境效益费用分析可以从国家、地区以及企业的角度对环境的效益、费用进行。

4.5.2 环境效益费用分析条件

环保投资作为环境保护的经济手段,对环境质量有着必然的影响。由于环境、环境问题、环境资源、环境经济的复杂性、多样性和特殊性,使得进行环境效益费用分析要适应这种复杂性、多样性和特殊性。同时由于环境效益费用分析是效益费用分析的具体应用,所以进行环境效益费用分析必须具备效益费用分析的基本要求。

1)能找出环境资源和质量变化的效益和损失

环境资源的生产性决定了环境资源是生产过程中不可缺少的生产要素,环境资源和质量的变化必然影响生产活动的有效性,使生产活动的成本和利润发生变化,从中可以找出环境资源和质量变化的效益和损失。

2)能找出一条货币化计量环境效益和损失的途径

环境资源和环境质量都没有直接的市场价格,但是环境资源的生产性和消费性都与人们的经济活动有着密切联系,这就给环境资源和环境质量的变化提供了一条货币化计量的途径。但在具体货币计量方法上,还存在相当程度的主观性,这也是环境效益费用分析中重点研究的问题之一。

3)能进行环境资源的替代

环境资源的消费性的含义和内容广泛,如美丽的海滨和风景游览地直接构成人们消遣享受的对象;房屋里的安静程度成为人们消费对象的内在因素等。因此,消费性环境资源的变化也必然引起这类消费品的价值变化,这种影响程度正是消费性环境资源变化的价值计量。环境资源的替代性体现在可以用人工环境来代替自然环境资源,例如用人造公园代替自然公园供人们休息、游览,而人工环境的价值是可以货币计量的。某些生产性环境资源也可进行合理替代,包括同类生产性环境资源和相近生产性环境资源。在环境效益费用分析中,可以利用替代的思想和方法进行货币计量。

4)具体的环境效益费用分析方法针对性要强

由于环境资源和其功能的多样性,环境费用效益分析的方法种类很多,这也要求在进行环境效益费用分析时,要有针对性强的具体分析方法。但目前不少方法还不成熟,需要深入研究,不断改进和完善。

4.5.3 效益费用分析基本表达式

效益费用分析的基本表达式(主要评价指标)有两种:一是效益费用比(Benefit Cost Ratio),二是净效益(Net Benefit)。

1)效费比[B/C]

$$[B/C]=\frac{B-D}{C} \tag{4-5}$$

式中:B——正效益;

D——负效益;

C——费用。

使用效费比的评价法则为:如[B/C]≥1,项目可接受;如[B/C]<1,项目不可接受。效费比的特点是表示出单位费用所取得的效益,是一个很有意义的评价指标。

2)净效益[$B-C$]

$$[B-C]=(B-D)-C \tag{4-6}$$

使用净效益的评价法则为:如[$B-C$]≥0,项目可接受;如[$B-C$]<0,项目应放弃。

考虑到货币具有当年资金比一年后等量资金更有价值这一时间价值,如果单纯采用效益费用基本表达式来计算工程的投资效益就会产生较大误差,因为公路建设项目在施工过程中对环境产生的破坏发生在当时,而生态环境因其破坏产生的价值损失是持续的,所以为能综合判断公路建设工程对生态环境的整体影响,要把环境资源损失贴现到基年。那么在运用效益费用法进行评价时首先采用社会贴现率(因贴现率相对较高和较低都会相应地对环境保护和环境效益有影响,所以我国国家计委和建设部在《建设项目经济评价参数》中规定我国社会贴现率为12%,项目运营期一般按20年计算)。将项目计算期内各年生态环境资源损失折算到建设起点的现值之和来计算生态环境资源的价值损失EC就可以更精确地估算环保投资产生的效益。

其中,EC折算过程为:

$$\mathrm{EC}=\frac{P}{(1+r)m}\left[1+\frac{1}{(1+r)}+\frac{1}{(1+r)^{2}}+\cdots+\frac{1}{(1+r)^{n}}\right] \tag{4-7}$$

式中:EC——总损失价值现值;

P——基准年影响损失值;

r——社会折现率;

m——当年与基准年的差值;

n——运行年限。

由于各类影响因子对于生态环境影响时间段存在差异,所以在项目施工期和运营期应分别进行折算。

4.5.4 环境费用效益分析方法

环境费用效益分析方法是效益费用分析的基本理论在环境保护中的具体应用方法。一般来说,环境费用效益分析中的环境费用比较具体,容易较准确地计算出来,但是对于环境效益和环境损失的计量,有许多则很难用货币来准确衡量。而环境费用效益分析的基本思路和出发点就是环境效益与环境费用的对比分析,所以环境效益货币的有效表示是运用效益费用分析的关键。由于环境问题十分广泛、错综复杂,不可能找出一个通用的方法来分析每一个具体的环境问题,所以人们就针对所出现的一个个具体环境问题,设计出相对应的具体分析方法。目前环境费用效益分析的基本方法如图4-1所示,由于具体介绍这些基本方法的书籍很多,在此就不再详细赘述。这些费用效益方法有一些比较有效,而有一些则存在不足。这些不足表现在方法的具体思路和计算结果比较牵强,这也充分说明了环境问题的复杂性和环境效益(损失)货币量化的困难性。所以环境费用效益分析的理论和方法还需要进一步探讨,逐步完善,使分析方法更加科学,分析过程更加符合逻辑,分析结果更客观、更准确。

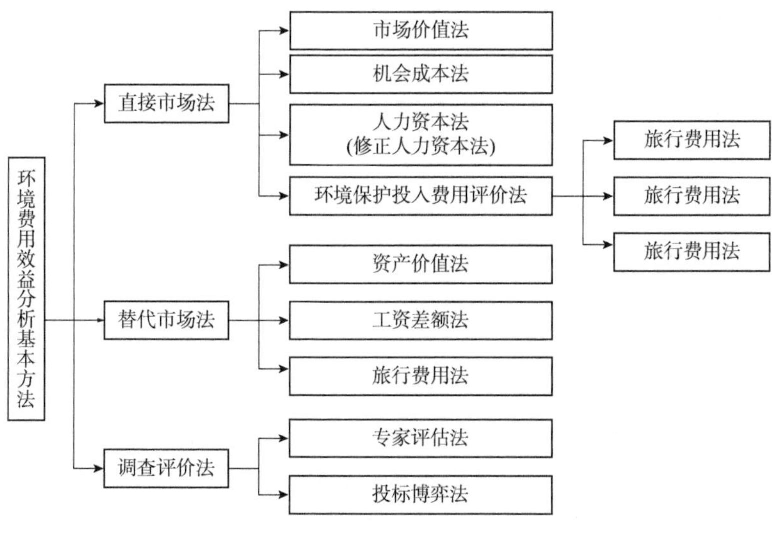

图 4-1　环境费用效益分析的基本方法

4.6　公路环保投资效益分析

公路环境效益评价方法主要有数据包络分析法、灰度综合评价法、层次分析法和人工神经网络评价法等。其中,公路建设项目环保投资效益分析是将环境效益分析的基本原理和方法在公路环保投资分析中的应用。

4.6.1　公路环保投资效益分析的方法

在具体的公路建设环保投资效益分析中,主要采用效益费用分析法,运用有关环境费用效益分析的基本原理、方法结合公路环保投资的具体特点选用合适的分析方法。

4.6.2　公路环保投资效益分析应注意的问题

1)合理计算外部效果

这里的外部效果是指公路环保投资产生的间接效益,亦称外部费用与外部效益。例如:噪声污染治理后,噪声减小,声环境改善,这些可以计入直接效益。而工作和休息环境改善后,居民体质增强、发病率降低等,可视为外部效益。公路环保投资的外部效果计算时应慎重,既要防止忽视计算外部效果的倾向,又要防止外部效果测算的扩大化。

2)定量分析与定性分析相结合

在环保投资的实际分析中,不能只重视可量化效益的分析,可定性的环保投资同样是不可偏废的重要评估内容,例如公路为保护动植物设置动物通道、采取措施保护植被等这些效益在现阶段都很难进行定量分析,进行必要的定性分析可对环保项目投资的决策提供参考性意见,引起决策者的重视,从而更好地进行公路环境保护。

3)明确计算范围、突出重点

明确计算范围有两层含义。一是指进行公路环保投资的效益计算时要明确计算范围,不可扩大和缩小计算范围,要公正、客观、严格,以公路建设的实际影响范围为计算范围;二是指在对一些环保投资效益的进行计算时不要重复计算,例如当计算公路噪声环保投资效时,如果考虑到土地的保值效益,就不应再计算对房屋的保值效益;又如,如果在计算防治噪声环保投资的效益时已经包括了绿化的这部分效益,在计算绿化环保投资效益是就不应该再重复计算绿化的降噪效益等。

另外,在计算效益时首先计算它的主要效益,后计算次要效益。

4.6.3 公路环保投资效益分析的主体和意义

想要完成对公路环境保护投资效益的分析,首先需要对投资和效益有正确的理解。环境保护的投资费用按照不同标准有不同的分类方式。美国质量委员会将环境费用划分为损害费用、防护费用、事务费用及清除费用四类。如果从经济学的角度来讲,将其分为外部费用和内部费用则更恰当些。内部费用就是为防止污染用于安装防治设备、技术投入等的投资和运行费用。主要受市场经济规律影响。外部费用则是排放的各类污染物对自然资源及环境质量的损害费用,为考虑市场规律,目前主要以纳税或其他形式支付。外部费用主要从社会、经济、自然三方面考虑:社会方面,以对社会产生的损失为出发点。它包括因污染而致害的赔偿费、医疗费等。经济方面,指因污染造成国民经济上的损失。它包括交通事故、生活区污水排放导致水质污染造成给水处理费增加,污水灌溉污染土地造成农业减产和粮食、蔬菜受到污染等,水体污染造成渔业产量下降等。自然方面,因汽车、生活区排放的各类污染物造成生态破坏,珍稀动植物消失或濒危,森林植被破坏使水土流失、物种栖息地消失，矿藏过量开发、无代价的丢弃，造成资源耗竭且难以恢复。效益，则可分为货币和非货币效益两类。货币效益是指可以用市场价格直接估值的部分。非货币效益指那些不能以货币表示的效益。如自然风光、娱乐旅游改善带来的收益，生态环境改善使鸟类、珍禽栖息地恢复产生的收益，湿地恢复产生的收益等。

通过对公路建设项目环保投资的效益进行分析，一方面有利于决策者了解公路建设环保投资的重要性，重视公路环境保护工作，促进公路建设项目的可持续发展；另一方面有利于今后建立一套科学、规范、实用的公路项目环保投资效益分析方法，使得有限的公路环保投资在使用结构上实现最优化，从而在环保总投资不变的情况下获得最大的效益。

4.7 小　　结

本章主要介绍了公路建设项目环保投资效益概况，阐述了环境、环境费用、环境资源价值、效益和环境效益等相关概念，阐明了基于环境效益费用分析的公路环保投资能够产生的效益分析。

在目前国内对具体的公路建设环保投资效益分析中，主要采用费用效益分析法，运用有关环境费用效益分析的基本原理、方法，结合公路环保投资的具体特点选用合适的分析方法。也就是环境效益分析的基本原理和方法在公路环保投资分析中的应用。对于公路环保投资效益分析，可以为公路环保事业给出工作依据，表明环保事业对于社会发展和环境改善作出的贡献，为未来环保事业更好的发展、国家社会和环境持续向好发展提供科学依据。

第5章 公路环保投资效益现状分析

本章主要是对我国公路建设项目在生态、噪声、水等方面环保投资的实际效益现状进行分类分析说明。主要采用对现有公路的环境现状进行分析说明,即用公路环保措施的效果来折射公路环保投资的效益,而不就某个具体投资进行定量分析,公路环保投资效益费用的定量分析方法将在下一章介绍。

5.1 环境污染治理环保投资效益现状

公路建设施工期间会产生噪声污染、水污染、空气污染、振动污染和固体废物污染等多种污染类型。噪声污染主要体现为施工噪声以及运营时所产生的噪声,它们会对周边的声环境产生影响,施工企业需要在施工阶段采取相应措施降噪,从而降低项目所产生的声污染。水污染主要是施工期间所产生的生产和生活污水对其周围区域的水环境产生的负面影响,污水的来源主要有施工过程中产生的高悬物工业废水以及施工过程中产生的生活废水。空气污染的主要来源为项目施工期中土石方挖运中产生的粉尘、车辆行驶中扬起的沙尘、各类施工机械排放的尾气以及施工营地各种燃烧烟尘等,还有运营期内汽车尾气排放造成的大气污染。振动污染的来源主要为施工期间各类施工机械、大型运输车辆工作和桩基施工时所产生的振动以及铁路运营时产生的振动。固体废物污染的来源主要以施工过程中产生的生产固体废物以及驻地施工人员的生活垃圾和运营期内公路服务区的生活垃圾等,此类垃圾处理不当会造成周围环境的持续污染,不仅侵占土地,还会滋生蚊蝇、老鼠和病原体,长此以往就会造成水体和土壤的污染。针对这些污染,施工单位都应采取有效措施进行应对,从而减少工程施工对周边环境所造成的不利影响,其中最直接的方式就是投入资金对环境污染展开治理。

由于公路建设项目所涉及的环境要素是相对固定的,并且对环境的影响报告也是按照主要相关环境要素来进行评价,因此公路建设项目中环境污染治理措施也应该按照不同环境要素进行分类,这样可以使环境污染治理投资的各个环节更加周全,数据统计的口径更加一致。其中,公路建设项目的主要环境评价因子见表 5-1。那么,如果按照国家出台的相关规定,公路建设项目中按照不同类别的环境污染治理措施可以具体分类见表 5-2。相应的公路建设项目环保投资也需要按照不同环境要素进行投资分类,进而对不同要素环保投资产生的效益就更加明确,使环保投资方向更加精准。

公路建设项目的主要环境评价因子 表 5-1

环境要素	评价内容	评价因子
生态环境	(1)公路建设对农业生态的影响 (2)公路建设对陆域和水生生态的影响	植被、野生动物、林地、土壤的影响
水土保持	水土流失情况分析	土地面积减少
景观	对沿线景观的影响	景观格局
社会环境	(1)公路建设对当地社会经济的影响 (2)公路建设与沿线城镇发展规划的协调性 (3)受影响居民的征地拆迁安置 (4)对交通、水利等基础设施的影响	经济发展、人口迁移、土地利用、产业结构、旅游等
水环境	(1)施工期桥梁施工污染物的影响 (2)施工营地生活污水、垃圾等的影响 (3)路面径流污染物的影响 (4)运营期等排放污染物的影响 (5)危险品运输风险事故的影响	pH、COD_{Cr}、石油类、SS 等
声环境	(1)施工期作业机械噪声、运输车辆的噪声影响 (2)运营期交通噪声的影响	L_{Aeq}
大气环境	(1)施工期车辆道路扬尘和施工粉尘、沥青烟气的影响 (2)运营期汽车尾气的影响	TSP、沥青烟、NO_2,SO_2

污染治理措施分类 表 5-2

分类	具体内容	措施来源	备注
水环境	含油污水处理、货车洗刷污水处理、施工期间生活污水处理、其他污水处理	《公路环境保护设计规范》(JTG B04—2010)	运营期污水处理的投资不属于公路建设项目环保投资体系。部分道路施工废水直接排入管道进行收集处理,处理费用未纳入环保投资
声环境	路基、原料优选、安装声屏障、吸声板等、功能置换、敏感建筑物进行噪声防护措施、城市道路两旁设置封闭隔离带、绿化林带	《"十四五"噪声污染防治行动计划》(环大气〔2023〕1 号)	噪声和振动对同一区域采取相同措施易产生投资重叠。在相同的区域内统计中,要避免重复计算。由于绿化林带的投资已经计列入生态环境保护投资的植物措施投资中,因此,对声环境的防护投资不包括该项投资

续上表

分类	具体内容	措施来源	备注
大气环境	烟气污染防治、粉尘污染防治、废气污染防治	《公路环境保护设计规范》(JTG B04—2010)	施工期的废气主要来源于施工扬尘和营地生活
振动	设置隔振沟、墙等防振屏障、功能置换	参照《铁路建设项目环境影响评价噪声振动源强取值和治理原则指导意见》(铁计〔2010〕44号)	噪声和振动对同一区域采取相同措施易产生投资重叠。在相同的区域内统计中,要避免重复计算
固体废物	生产固体废物处理、施工人员生活垃圾处理	《公路环境保护设计规范》(JTG B04—2010)	公路固体废物不处理将会对水环境、大气环境等造成影响,需要投入资金进行治理

由表5-1所知,治理投资可划分为环境污染治理投入、生态环境保护投入和社会经济环境保护投入等几类。

(1)针对环境污染治理,相关的投入主要包括:

①防治交通运输噪声的设施投资。主要指声屏障、封闭外廊、加高院落围墙、装双层玻璃门窗等。

②防振动的设施投资。主要包括减振用的减振沟、基础的加固措施等。

③生活服务区、管理区、收费站等生活服务设施所属的污水治理设施、垃圾处理和锅炉除烟设施以及施工中生产废水和生活污水的治理设施等。

④收费站内收费亭的强制通风设施。

⑤排水沟系统中的泥沙、隔油池等。

⑥为了降低交通噪声和汽车尾气污染而营造的林带等。

⑦为了减少施工期运输筑路材料及材料拌和产生的粉尘所采取的治理措施及设备费。

⑧因公路交通噪声、环境空气污染所引起公路占地界外的居民点的拆迁、安置费。具体费用设置见表5-3。

环境污染治理投资 表5-3

序号	投资项目(工程措施)	单位	投资(万元)	备注
1	声环境污染治理			
1.1	声屏障(含环境设施带)	延米		
1.2	围墙	延米		

续上表

序号	投资项目(工程措施)	单位	投资(万元)	备注
1.3	建筑物封闭外廊	延米		
1.4	隔声墙	m^2		
1.5	低噪声路面	m^2		
1.6	防噪林带	m^2		
1.7	建筑物拆迁	m^2		不含正常工程拆迁
1.8	专设的限速、禁鸣标志等	处		
2	振动治理			
2.1	减振沟	m		
3	环境空气污染治理			
3.1	附属设施锅炉烟尘、餐饮油烟处理设施	套		
3.2	收费亭、隧道强制通风设备	套		
3.3	防护林带	m^2		注意与1.6协调
3.4	施工期降尘措施			不含整套除尘设备本身应具有的除尘装置
3.5	建筑物拆迁	m^2		注意与1.7的协调,不重复计费
4	地表水污染环境治理			
4.1	附属设施污水处理设施			
4.2	施工期生产和生活废水处置	处		
4.3	路面汇水集中处理设施	处		如独立的排水系统、排水系统中的泥沙沉淀、隔油池、集水井(池)等

(2)针对生态环境保护,相关的投资主要有:

①为了减少因公路施工造成地表植被破坏,引起公路线开挖或回填处水土流失增加而采取的护坡工程措施。

②公路沿线路基边坡及沿线的绿化工程措施,主要包括路堤部分、立交桥周围、服务区场地绿化美化工程。

③公路经过湿地、草原、草场、戈壁沙漠的改造所采取的保护工程。

④公路经过水源保护地所采取的保护工程。

⑤公路经过自然保护区所采取的保护工程。

⑥公路经过濒危动植物保护区所采取的保护工程,如动物桥或动物通道等。

⑦公路经过渔业养殖水域时所采取的保护工程。

⑧为保护公路沿线农田与农作物所采取的措施,如耕层土壤保护措施包括减少污染和表层土壤保护等措施。

⑨为了减少公路弃土、石方破坏地表植被、地表水而采取的工程措施。

⑩公路取弃土场所及沥青、混凝土搅拌站、料堆场、施工营地等采取的土地复垦及生态恢复工程措施。

⑪路线以外为保持原有水利及农田灌溉格局而设置的工程。具体费用设置见表 5-4。

生态环境保护投资 表 5-4

序号	投资项目(工程措施)	单位	投资(万元)	备 注
1	绿化美化过程	m^2		除包括公路用地范围内的绿化费用外,还应包含为补偿因道路建设所占原有绿地面在道路用地范围以外建设的绿化工程等的费用
2	对湿地、草原、草场的保护工程(或置换工程)			含在牧区为转场特设的通道
3	公路经过渔业养殖水域所采取的防护措施			含给予渔政部门的渔业资源补偿费用,但不含给渔民的直接赔偿费用
4	公路经过自然保护区所采取的特殊工程措施			如特殊的防护隔栅、动物通道等
5	保护沿线土地资源措施			如耕地表土剥离及保护措施,堆料场等的复垦
6	取弃土(含石方)场所生态恢复和水保措施			根据项目预、工可进行估算,要求初设落实

(3)针对社会环境保护,相关的投入主要有:

①为解决高等级公路分隔造成的影响,而设置的通道或人行天桥工程(为构成道路交通网而设置的互通立交、分离式立交、路线桥等构造物除外)。

②为保护文物古迹等专设的高架桥工程。

③危险品运输中突发性事故的防治措施费。具体费用设置见表 5-5。

社会经济环境保护投资 表 5-5

序号	投资项目(工程措施)	单位	投资(万元)	备 注
1	通道和人行桥工程	处		为构成道路交通网而设置的互通立交、分离式立交、跨线桥等构造物除外

续上表

序号	投资项目(工程措施)	单位	投资(万元)	备　注
2	为保护人文景观、历史遗产所采取的措施			如文物勘察、挖掘和保护费用;特设的跨越或遮挡工程等
3	危险化学品运输事故的防范措施			如危险品检查站设置、事故应急车、敏感路段监控等
4	工程拆迁及安置费用			不计征地及青苗费用
5	为补偿因公路建设所占用水源(特别是农村的饮用水源)的供水工程费用			—

在以上环境保护投资过程中,环境保护所产生的费用同样会产生相应的税费。具体税费项目见表5-6。

环境保护税费项目　　表5-6

序号	投资项目(工程措施)	单位	投资(万元)	备　注
1	环境保护税费目			按一定费率或税率收取
2	水土保持补偿费			水利管理部门
3	造林费、林地补偿费			林业管理部门
4	耕地费、造地费			土地管理部门
5	矿产资源税			资源管理部门
6	文物勘察费、文物挖掘保护费			文物保护部门
7	渔业资源保护费			水产管理部门

依据污染治理措施对公路建设项目过程中产生的各类污染进行相应的环保投资可以对其产生相应的投资效益,下面将具体分析一些典型的污染治理投资效益现状,从而体现出公路建设过程中环保投资的总体效果。

5.1.1　声环境污染治理投资效益现状

建设项目产生的声环境污染大多来自施工过程使用的机械器具以及工作车辆发出的噪声。在公路建设施工时,现场的各类机械设备包括装载机、推土机、混凝土搅拌机、重型吊车、打桩机等产生的噪声是最大的,占据了噪声污染的绝大部分比例。施工过程中运输沙石、仪器设备和一些其他原材料,都会使用到大型车辆,而且它们发出噪声的分贝也是非常高的,在经过的村庄、城市等沿线地区以及施工现场会产生巨大的噪声污染。自2012年7月1日起,《建筑施工场界环境噪声排放标准》(GB 12523—2011)替代1990年的《建筑施工场界噪声限值》(GB 12523—1990)。与GB 12523—1990相比,GB 12523—2011不再细分土石方、打桩、结构和装修的噪声限值(表5-7),而是对所有施工阶段的噪声限值作统一规定,以昼间和夜间作区分,执行标准如表5-8所示。

《建筑施工场界噪声限值》(GB 12523—1990)执行标准 表5-7

施工阶段	主要噪声源	噪声限值(dB)	
		昼间	夜间
土石方	推土机、挖掘机、装载机	75	55
打桩	各类打桩	85	禁止施工
结构	混凝土搅拌机、振捣机、电锯	70	55
装修	吊车、升降机	65	55

《建筑施工场界环境噪声排放标准》(GB 12523—2011)执行标准 表5-8

噪声限值(dB)	
昼间	夜间
70	55

《声环境质量标准》(GB 3096—2008)中规定了城市五类区域的环境噪声最高限值以及各类标准适用范围,具体见表5-9。

《声环境质量标准》(GB 3096—2008)噪声标准及使用范围 表5-9

类别	昼间环境噪声标准值(dB)	夜间环境噪声标准值(dB)	适用范围
0类	50	40	康复疗养区等特别需要安静的区域,位于乡村的康复疗养区执行0类声环境功能区要求
1类	55	45	以居民住宅、医疗卫生、文化教育、科研设计、行政办公为主要功能,需要保持安静的区域。村庄原则上执行1类声环境功能区要求
2类	60	50	以商业金融、集市贸易为主要功能,或者居住、商业、工业混杂,需要维护住宅安静的区域。工业活动较多的村庄以及有交通干线经过的村庄(指执行4类声环境功能区要求以外的地区)可局部或全部执行2类声环境功能区要求。集镇执行2类声环境功能区要求

续上表

类别	昼间环境噪声标准值(dB)	夜间环境噪声标准值(dB)	适用范围
3类	65	55	以工业生产、仓储物流为主要功能,需要防止工业噪声对周围环境产生严重影响的区域。独立于村庄、集镇之外的工业、仓储集中区执行3类声环境功能区要求
4a类	70	55	指交通干线两侧一定距离之内,需要防止交通噪声对周围环境产生严重影响的区域,4a类为高速公路、一级公路、二级公路、城市快速路、城市主干路、城市次干路、城市轨道交通(地面段)、内河航道两侧区域。位于交通干线两侧一定距离(参考GB/T 15190第8.3条规定)内的噪声敏感建筑物执行4类声环境功能区要求
4b类	70	60	指交通干线两侧一定距离之内,需要防止交通噪声对周围环境产生严重影响的区域,4b类为铁路干线两侧区域

注:各类声环境功能区夜间突发噪声,其最大声级超过环境噪声限值的幅度不得高于15dB。

公路项目声环境污染环保投资,主要是指为了减少和防治噪声而采取的措施费用,主要包括声屏障、防噪林、隔声窗等的投入。对公路项目声环境污染治理的效益主要采用如图5-1所示的分类进行分析。

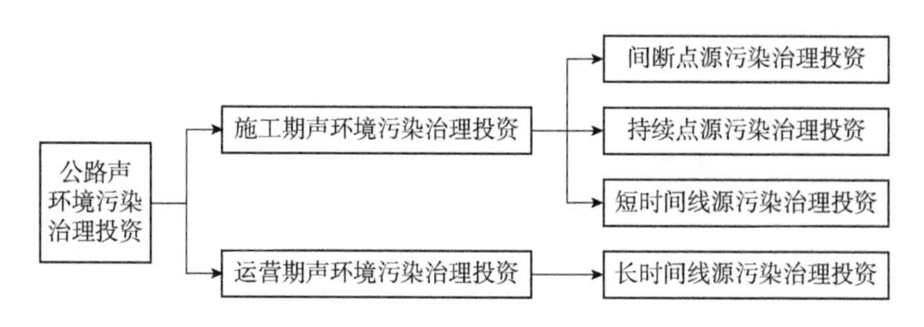

图5-1 公路项目声环境污染分类图

1)施工期声环境污染治理投资效果

(1)间断点源污染治理效果

间断点源污染主要是指施工期施工机械产生的噪声。施工期施工机械产生的噪声大都超过相关标准,经调查分析,施工期施工场界噪声值均超过建筑场界标准,尤其是打桩机进行护栏桩作业时噪声高达110dB。但因噪声属无残留污染,施工机械施工在同一点的连续作业时间不长,在实际工程施工过程中适当调整作业时间,对机械经常维护保养,这些间断点源污染对附近居民及野生动物的影响是可以控制在可容忍的范围内的。

(2)持续点源污染治理效果

持续间断点源污染主要是指施工期拌和场站等持续噪声源,这方面的噪声治理环保投资效果良好。一般场地选址时都能考虑到环保要求,例如沥青拌和站应设在距敏感点下风向 300m 以外。如宁夏银古高速公路十三标沥青和稳土拌和站采取了合理选址、安排作业时间、给机械安装降噪器等措施。对拌和站的噪声监测报告显示,其噪声值达到建筑场界标准及环境噪声 4 级标准(昼)对敏感点影响不大。

(3)短时间线源污染治理效果

短时间线源污染主要是指运输施工材料的车辆产生的噪声,此处短时间主要是相对运营期而言。采取的主要环保措施包括安排专门的环境监理人员,对运输车辆的维护状况进行检查、对运输车辆进行限速、禁鸣等。这些环保投资的效果良好,如宁夏银古高速公路大量材料运输车辆经过平吉堡,噪声值大部分超过 70dB,而且运输昼夜不停,严重影响沿线居民生活、工作,引起平吉堡居民的集体抗议,在专业环境监理人员对运输车辆进行管理后,周围居民对噪声的影响基本可以容忍,没有再出现集体抗议等不满活动,收到了良好效果。

2)运营期的声环境污染治理效果

运营期产生噪声是长时间持续线源污染,主要是指交通运输工具自身以及运输工具与路面摩擦产生的噪声。这部分噪声治理投资占公路声环境治理投资的大部分,对于这些噪声治理,我们一般采用如表 5-10 所示的建声屏障、安隔声窗、拆迁等措施。

不同降噪措施的投资及其效果 表 5-10

序号	措施		降噪指标	造价	适用条件
1	声屏障	隔声板	6~8dB	2500 元/延米	(1)敏感建筑距路中心线距离<50m; (2)居住相对集中; (3)路基高度平行或高于住宅地面高度
		隔声板+吸声板	8~10dB	3200 元/延米	
2	居民住宅环保搬迁		远离噪声污染源	2~4 万元/户	零散住户并可以解决新宅基地
3	居民住宅新建隔声围墙		4~6dB	2500 元/延米	(1)敏感建筑距路中心线距离>50m; (2)住宅地面高度平行或高于路基高度
4	安装通风式隔声窗		15~20dB	23000 元/扇	使用范围较广,特别适合于高层建筑

(1)声环境治理效果现状

首先,我们来分析我国公路运营期对声环境的影响现状,它可以说明我国在公路噪声治理方面的资金投入与实际需求的状况。在此列举我国 11 条公路的噪声在环保验收时的治理状况来分析我国运营期噪声治理现状。如表 5-11 所示是我国一些公路的噪声治理现状。在分析噪声时,选择噪声超标率和最大超标值两个指标,前者代表噪声的影响范围,后者代表影响强度。

公路运营期声环境治理现状 表 5-11

<table>
<tr><th colspan="2" rowspan="2">省(市)</th><th rowspan="2">名称</th><th rowspan="2">总敏感点</th><th colspan="3">昼间</th><th colspan="3">夜间</th></tr>
<tr><th>超标点个数</th><th>最大超标值(dB)</th><th>超标比例</th><th>超标点个数</th><th>最大超标值(dB)</th><th>超标比例</th></tr>
<tr><td rowspan="5">东部</td><td rowspan="3">浙江</td><td>金华至丽水高速公路</td><td>—</td><td>0</td><td>0</td><td>0</td><td>—</td><td>12.1</td><td>100%</td></tr>
<tr><td>甬台温高速公路瓯海南白象至瑞安龙头段</td><td>—</td><td>—</td><td>—</td><td>—</td><td>—</td><td>12.3</td><td>100%</td></tr>
<tr><td>杭州绕城高速公路</td><td>—</td><td>—</td><td>19.5</td><td>—</td><td>—</td><td>16.2</td><td>100%</td></tr>
<tr><td>福建</td><td>宁德至罗源高速公路</td><td>—</td><td>0</td><td>0</td><td>0</td><td>—</td><td>13.0</td><td>100%</td></tr>
<tr><td>辽宁</td><td>锦州至朝阳高速公路</td><td>16</td><td>0</td><td>0</td><td>0</td><td>5</td><td>2.0</td><td>31.3%</td></tr>
<tr><td rowspan="4">中部</td><td>湖北</td><td>襄十高速公路武当山至许家棚段</td><td>6</td><td>0</td><td>0</td><td>0</td><td>0</td><td>0</td><td>0</td></tr>
<tr><td rowspan="2">河南</td><td>北京至珠海国道主干线漯河至驻马店段</td><td>6</td><td>0</td><td>0</td><td>0</td><td>2</td><td>1.25</td><td>33.3%</td></tr>
<tr><td>连云港至霍尔果斯国道主干线三门峡至灵宝段</td><td>14</td><td>0</td><td>0</td><td>0</td><td>11</td><td>64.5</td><td>78.6%</td></tr>
<tr><td>北京</td><td>公路六环子小村至大庄段</td><td>4</td><td>1</td><td>1.3</td><td>25%</td><td>2</td><td>4.8</td><td>50%</td></tr>
<tr><td rowspan="2">西部</td><td>贵州</td><td>贵阳至毕节二级公路</td><td>—</td><td>1</td><td>0.2</td><td>—</td><td>—</td><td>11.0</td><td>80%</td></tr>
<tr><td>陕西</td><td>榆林至靖边高速公路</td><td>10</td><td>0</td><td>0</td><td>0</td><td>0</td><td>0</td><td>0</td></tr>
</table>

注:1."—"表示未收集到相关数据。
2.噪声超标率=超标敏感点个数/总监测敏感点个数。
3.最大超标值=最大超标敏感点的噪声值-标准噪声值。
4.资料通过以上各路的环保验收调查报告书和环保验收监测报告书整理得到。

从表 5-11 中首先可以看出大部分路段都出现超标敏感点,有的路段超标率高达 100%。昼间和夜间噪声均不超标的只有陕西榆林至靖边高速公路和襄十高速公路武当山至许家棚段,河南北京至珠海国道主干线漯河至驻马店段昼间全部不超标,夜间最大超标值很低。其中榆靖高速公路和北京至珠海国道主干线漯驻段环保投资比例均在10%以上,襄十高速公路武许段的实际交通量比较小。从表中也可以看出东部地区噪声超标率和最大超标值明显高于中部和西部地区,这主要是由于东部地区车流量要明显高于中、西部地区造成的。

(2)声环境污染治理投资效果

上述是对我国运营期公路声环境污染治理现状进行了简要的概括说明,虽然我国公路运营期噪声对周围声环境的影响比较严重,但它不能说明公路环保投资效果不佳,造成这种现状的主要原因是由于用于此方面的环保投资与实际需求相差太远。实际上,我国公路噪声治理方面的投资是有着良好的效果的,声屏障、隔声窗等被证明对保护敏感点起到了良好的效果。在这里,以声屏障为例进行说明,如表5-12所示是我国几条公路的声屏障投资及效果概况。

我国公路声屏障投资及效果概况 表5-12

省份	名称	投资额(万元)	长度(m)	效果
湖北	汉十襄荆高速公路连接线	150.9	936	降噪效果较好,有效地减轻了交通噪声对沿线居民生活的影响
湖北	襄十高速公路武当山至许家棚段	166.5	1020	降噪效果较好,有效地减轻了交通噪声对沿线居民生活的影响
河南	漯驻高速公路	523	1643	降噪效果较好,有效地减轻了交通噪声对沿线居民生活的影响
福建	福宁高速公路	35	—	降噪效果较好,有效地减轻了交通噪声对沿线居民生活的影响

为了具体说明声屏障的投资效果,我们以湖北襄十高速公路武当山至许家棚段声屏障效果为例进行具体分析说明,湖北襄十高速公路武当山至许家棚段声屏障降噪效果见表5-13,从表中可以看出,湖北襄十高速公路武当山至许家棚段公路沿线的声屏障在15m范围内降噪效果明显,降噪量在7.2~8.2dB之间,30m范围内降噪量在4.7~6.0dB之间,60m范围内降噪量在3.1~4.0dB之间。经声屏障降噪后,声环境敏感点昼间和夜间噪声值均可达到《声环境质量标准》(GB 3096—2008)中的4类标准,学校敏感点可达到2类标准,声屏障降噪效果良好。

湖北襄十高速公路武当山至许家棚段声屏障效果　　表 5-13

声屏障总投资（万元）	声屏障总长度（延米）	点位名称	监测点位	噪声测定值 L_{Aeq}(dB)		
				内	外	降低效果
166.5	1020	彭家湾大桥（声屏障）	15m	48.3	56.5	8.2
			30m	49.5	54.2	4.7
			60m	50.3	53.7	3.4
		六里坪中学（声屏障）	15m	47.2	54.8	7.6
			30m	48.5	54.1	5.6
			60m	50.1	53.2	3.1
		余家院完全小学（声屏障）	15m	49.5	57.2	7.7
			30m	50.4	56.4	6.0
			60m	51.1	55.1	4.0
		马家岗（声屏障）	15m	48.9	56.7	7.8
			30m	50.2	55.3	5.1
			60m	51.1	54.4	3.3
		下梁家湾（杨家畈）（声屏障）	15m	47.3	54.5	7.2
			30m	48.2	53.7	5.5
			60m	49.5	52.6	3.1

注：监测时间为昼间。

3）结论

经上分析可知我国声环境污染治理投资效益现状：声环境污染治理投资效果显著，声屏障等投资对降低噪声保护敏感点起到了良好的作用，但是由于总体投资较少，我国公路运营期噪声污染治理总体状况不佳。

5.1.2　水环境污染治理投资效益现状

建设项目当中，对于水环境的影响一般存在几个方面：

（1）生活污水，主要来源于施工营地中的施工人员日常用水产生的废水，污水量的多少和施工季节以及工作内容有着密切联系。一般在施工场地内可以设置化粪池，对生活污水进行处理，处理过程见图 5-2。

（2）生产废水，主要是施工作业产生的泥浆水，各种设备冷却水、运输车辆冲洗水等，对于此类水一般在施工场地排水口设置临时格池，经格栅阻隔后方可排放。

图 5-2　生活污水处理流程

(3)施工过程中施工机械滴漏油会污染水体;钻孔过程中为维护孔壁稳定而采用的泥浆护壁也会导致钻孔出渣含水率高。

(4)隧道施工排水含有大量泥沙,若直接排放,容易污染水体和引起受纳沟渠淤积,对沿线水环境产生一定的影响,因此需要在隧道两端的洞口处设置沉淀池,对隧道施工的高浊度污水进行沉淀,渗出水经沉淀后上清液排入水体。

(5)建设工程会对地下及地面水产生严重的影响。影响地下水位的变化、阻断水流、水质受到化学物质侵蚀以及引起突水、突泥等灾害。

建设项目水环境投资,主要是指水污染治理和防护工程措施的规划设计、建设、维修养护、报废等过程产生的费用。公路建设项目水环境污染治理投资主要包括施工期生产污水、生活污水处理费用和为防治施工污染河流、水源等的投入,以及路面污水,服务站、区污水处理费用等。

1)施工期污水治理效果

在实际调查过程中发现大部分路段对施工期生活污水都没有采取相应措施,但对水体和水源大都采取了相应保护措施,对水体、水源基本没有影响,这方面的投资效果良好。在此以宁夏银古路施工对水体的影响为例进行具体分析说明,银古黄河大桥等施工过程中环境监理进行了旁站监理,施工单位采取了多项保护水体的措施。对黄河大桥水质的监测结果表明,在桥上、下游各500m水体中的溶解氧、石油类、pH值等各项指标没有明显变化,符合《地表水环境质量标准》(GB 3838—2002)的Ⅲ类标准,这说明施工基本没有对黄河水质产生明显影响,沿线鱼塘、湖泊不同月份的监测结果也表明施工未对周围鱼塘、湖泊水质产生明显影响。

2)运营期路面污水治理效果

运营期的路面污水主要是指流经路面的雨水。我国高速公路对于路面污水一般都采取了修建边沟和蒸发池等措施,另外路堤边坡防护既保证了路堤的稳定,又直接减少了公路排水中悬浮物(SS)等污染物的含量,特别是边坡的植草,同时起到了一定程度净化公路排水的作用。该方面的环保投资效果良好,路面污水经过上述措施后一般均可以达到农业灌溉水质标准。在此以沪宁高速公路江苏段为例进行说明，沪宁高速公路（江苏段）路基边沟排水水质见表 5-14。

沪宁高速公路（江苏段）路基边沟排水水质（单位：mg/L）　　表 5-14

测点	COD_{Mn}	SS	石油类
K212+000	6.8	15.6	0.45
K169+100	5.3	20.5	0.20
K124+000	5.3	18.7	0.23

表 5-14 的监测结果表明，公路排水的水质符合农业灌溉水质标准（最严格的控制标准：$COD_{Cr} \leq 150mg/L$，$SS \leq 100mg/L$，石油 $\leq 1.0mg/L$），不会对植被和两侧稻田的农作物产生影响。由于 $COD_{Cr} < 20mg/L$，不能反映水质情况，所以用 COD_{Mn} 表示。

3）服务站、区污水治理效果

（1）服务站、区污水治理现状概述

总体上我国对高速公路的服务站、区污水处理比较重视，服务站、区污水治理效果就高速公路而言良好。由表 5-15 可见，我国高速公路服务站、区污水大部分采用了成套污水处理设备或化粪池处理，污水大部分达标。

高速公路服务站、区污水处理现状　　表 5-15

省份	名称	主要处理工艺	总个数	超标个数	处理总体状况
浙江	甬台温高速公路瓯海南白象至瑞安龙头段	WSZ 污水处理设施	5	1	5 个服务站、区 4 个进行处理，处理效果达到相关标准；1 个没有处理设施，磷酸盐等多项指标超标
	金华至丽水高速公路	—	—	—	4 处未按环评要求建设处理装置
江苏	沪宁高速公路江苏段	成套处理设备	6	6	6 处均采用成套处理设备
广东	深汕西高速公路	成套处理设备	5	5	5 处均采用成套处理设备
福建	宁德至罗源高速公路	化粪池	3	1	采用化粪池处理效果良好
湖北	襄十高速公路武当山至许家棚段	成套处理设备	3	—	2 处采用成套处理设备，1 处采用化粪池处理

续上表

省份	名称	主要处理工艺	总个数	超标个数	处理总体状况
河南	北京至珠海国道主干线漯河至驻马店段	成套处理设备	7	0	7处站区均采用成套污水处理设备，效果很好，均实现达标排放
陕西	榆林至靖边高速公路	A/O法地埋式污水处理装置	5	1	经A/O法地埋式污水处理装置处理，出水达标，1个站区采用化粪池处理，出水略有超标

注：1."—"表示没有收集到相关数据。

2.数据通过以上各路的环保验收调查报告书和环保验收监测报告书整理而得。

(2)服务站、区污水治理投资效果

我国服务站、区污水治理投资效果良好，污水处理设备在产品质量合格、运转正常的情况下出水一般都能达到《污水综合排放标准》(GB 8978—1996)二级或二级以上，投资效果良好。我国部分服务站、区污水治理投资效果见表5-16，由表5-16可以看出，COD、BOD_5、SS处理率大部分在80%以上，符合GB 8978—1996一级标准，氨氮去除率相对降低，上海枫泾服务区(南区)的氨氮去除率只有5.2%，超过三级标准。

高速公路服务站、区污水治理投资效果　　表5-16

省(市)	名称	沿线附属施名称	污水处理设施	投资(万元)	处理效果(mg/L)(处理前、处理后、去除率)			
					SS	COD_{Cr}	BOD_5	氨氮
江苏省	宁通高速公路	九华收费站	WSZ-3型污水处理设备，设计处理量72t/d	11.8	≤500	≤500	≤300	≤25
					≤20	≤70	≤20	≤15
					96%	85%	96%	40%
		正谊服务区	YCWC1-5型污水处理设备，设计处理量75t/d	70	≤500	≤500	≤300	≤25
					≤20	≤70	≤20	≤15
					96%	86%	93%	40%
广东省	广州市北二环高速公路	和龙管理中心	设计处理量103t/d	84	120~180	300~500	150~300	20~40
					25~45	50~75	12~18	6~8
					76.7%	84.5%	94%	74%
河北省	京沪高速公路	沧州服务区东区	WT-7型污水处理设备，设计处理量168t/d	28.6	200~50	400~250	250~10	—
					5~10	40~60	5~10	—
					94%	85%	94%	—

续上表

省(市)	名称	沿线附属施名称	污水处理设施	投资(万元)	处理效果(mg/L)(处理前、处理后、去除率)			
					SS	COD_{Cr}	BOD_5	氨氮
河南省	郑洛高速公路	巩义服务区	设计处理量144t/d	64	5.3~45	50~60.1	24.2~32	9.5~10
					5~20.4	20.6~28	8.8~12	2.9~5.8
					56.5%	56.2%	62.2%	55.8%
上海	沪杭高速公路(上海段)	枫泾服务区(南区)	有动力地埋式污水处理设备,设计处理量120t/d	60	86~142	162~660	51.6~98.1	37.2~47.8
					13~75	61~155	11.2~27.9	30.6~41.6
					68%	62%	76.1%	5.2%

4)结论

经上分析可知我国水环境污染治理投资效益现状:施工期生活污水治理效果欠佳;对河流等水体保护效果良好,路面污水基本没有对周围环境造成污染;服务站区污水处理效果良好,但 NH_3-N 的去除效果有待进一步提高。对于处理设备应该合理选用,在满足环境排放标准的前提下,首先要考虑管理维护容易、运行费用低廉等因素;加强对污水处理设施的维护、修理,保证其良好运转。

5.1.3 大气环境污染治理投资效益现状

建设项目产生的大气污染物主要为地表开挖及运输车辆行驶过程中产生的扬尘,施工机械、车辆运输排放的尾气等。施工单位一般可以采取以下措施:合理安排运行车辆尽量减少尾气的排放,在经过可能造成扬尘影响的区域或者是取弃土施工场地进行洒水处理甚至是固化处理以求达到降尘的目的;运输垃圾、渣土、砂石应实行密闭式运输,车辆驶离施工现场时必须进行冲洗,不得带泥上路和沿途泄漏、移撒。

建设项目大气环保投资主要是大气污染治理工程和措施规划设计、建设、维护、报废等产生的费用。其中,公路建设项目大气环境污染治理投资主要包括施工场地、拌和站区的洒水降尘和防尘设备的投入,收费站区和隧道的通风设施的投入,以及为净化大气环境而投入的绿化费用等。由于对大气治理仅依靠公路建设的环保投资是远远不够的,公路对大气的污染主要是由汽车尾气造成的,要真正治理这一污染,除了交通建设、管理部门的努力,还需要汽车研制、开发、生产等部门的共同努力才能使得交通沿线的空气质量得以改善。

1)施工期

施工期的大气环境污染主要包括施工场地的扬尘污染、拌和站场产生空气污染和物料运输时产生的扬尘、尾气等污染。在调查过程中,对施工期场地产生的扬尘污染,施工单位基本都采取了洒水降尘的措施,效果良好。公路施工现场洒水降尘量对比见表 5-17。对于拌和场、站等对空气质量的影响不大的情况,施工单位大多数按要求采取了洒水降尘、安装除尘和废气净化设备,投资效果良好。对银古高速施工期十三标拌和站的 TSP 监测值为例进行说明,监测结果表明场界 TSP 小时均值监测范围为 0.193~0.548mg/m^3,对空气环境影响不大,在 120m 左右可达到《环境空气质量标准》(GB 3095—2012)中的 2 级标准。

公路施工现场洒水与不洒水降尘量对比表　　表 5-17

离路边距离(m)		0	20	50	100	200
TSP(mg/m^3)	不洒水	11.03	2.89	1.15	0.86	0.56
	洒水	2.11	1.40	0.68	0.60	0.29

2)运营期

由于在运营初期,车流量较小,公路对沿线空气质量影响较小。我们对表 5-11 和表 5-15 所选高速公路在环保验收时的空气质量进行了分析调查,道路两侧、服务站区等点的大气监测值显示,各项指标均大部分没有超过国家有关标准,对大气环境影响不大,但在运营中后期对大气影响较大。

3)结论

经以上分析可知,我国大气污染治理环保投资效益现状:施工期的大气污染治理投资效果良好,基本不会对大气造成不良影响,公路在运营期对大气质量影响较大。

5.2 生态保护环保投资效益现状

公路建设对环境影响最大的是生态环境,生态保护环保投资占公路环保总投资的比重最大,建设项目生态环保投资主要应包括:野生植物与动物保护成本,主要包括野生动植物保护工程与措施规划设计费用、建设费用、维修及养护费用和报废费用等;水土流失防治成本,主要包括水土流失防治工程与措施规划设计费用、建设费用、维修及养护费用、报废费用等;农田恢复成本,主要包括农田恢复工程及措施规划设计费用、建设费用等。在公路建设过程中造成的生态环境破坏和影响因子,有些因子是必须选取的,而有些则由于量化困难或其他原因不能或不必选取。那么在制定环境效益评价指标选取原则时,为了选出恰当的评价指标,一般遵循影响是否由公路项目施工建设引起、影响是否不重要及影响是否不确定这三个原则。基于这三个原则,对生态环境中动植物的保护和公路用地生态恢复两方面的环保投资效益分析如下。

5.2.1 动植物保护投资效益现状

高速公路建设初期,开挖路基会将土层打乱,取走表土的同时会使原生植被失去赖以生存的土壤条件而遭到破坏;同时高速公路建设过程中遗弃的建筑垃圾(如沥青、石灰、水泥等)会对正在生长的植被造成污染,导致植被死亡;高速公路施工过程中对山体的切削以及穿越森林的过程都需要砍伐部分树木;高速公路建成后,由于人类活动的加大,对这些原始植被的压力也会逐步增加。那么对于植物方面的保护投资则主要是指对珍稀植物的保护,高速公路建设对珍稀植物一般采用移植或避让的措施进行保护,对珍稀植物的保护效果良好,例如湖北省孝(感)襄(樊)高速公路指挥部主动更改设计,绕避了有"中华银杏第一镇"之称的湖北省随州市洛阳店镇"洛阳银杏保护区"1.4km,工程指挥部为此增加投资4200万元。之后还可以分析项目施工期受影响地表植被的主要类型及产生影响的主要工程环节,进而估算主要植被影响量,对工程占地、取弃土场及临时用地等状况对地表植被的影响进行分析评价。

高速公路建设对动物的影响主要体现在施工噪声、通道阻隔和营运灯光等状况对动物产生的生存和生活方面的影响。高速公路建成后会产生"廊道效应",使景观破碎,切割自然生境成孤立的块状,使动物的活动领地被分割,生存环境受到影响,造成种群数量减少、物种退化等自然生存法则的演替;同时,高速公路的开通增加了沿线地区的人流和物流强度,也扩大了人类的活动范围,使许多原先很难到达或很难进入的地区变得可以到达和容易进入,这对保护珍稀动物资源构成巨大的威胁。高速公路项目在施工中以及投入营运以后所产生的噪声和灯光会破坏野生动物的正常栖息、繁殖,造成栖息地环境的恶化。鉴于以上情形,高速公路对动物保护一般都采取修建动物通道和动物桥的办法,但总体上讲动物通道或动物桥设置率不高,且没有真正根据动物的生活习性进行合理设计，一般高速公路即使设计了动物通道，但由于动物的不可控等因素也没有真正起到动物通道的作用，而且较低等级的公路基本没有此方面的投资，所以我们在某些公路上时常会发现穿越公路的动物有被车辆轧死或撞伤的情形。

5.2.2 公路用地生态恢复投资效益现状

高速公路建设对于土地利用的影响主要是公路对永久占用土地的影响，公路路基路面、护坡、取土场、弃渣场、施工场地、公路服务区等都会占用土地，公路等永久性占用土地，会导致农田、林地等农林用地绝对面积数量的减少；其他为临时占用土地，其土地利用类型在高速公路工程竣工后可以通过工程措施基本恢复到施工以前，土地利用面积在绝对数量上不会减少。同时，项目也会对高速公路沿线地区土地利用结构产生影响，沿线土地质量将会由于高速公路营运期车辆运行产生各类污染物而降低；另一方面，高速公路沿线的城镇用地将会由于高速公路工程巨大的社会经济效应而显著增加，城镇化进程在高速公路交通网的结点处将加快，土地产品需求的变化会因大量人口的涌入聚集以及第三产业的发展而加快，从而改变周边地区的土地利用方式，促进土地利用方式从低效益向高效益转化。高速公路建设对土壤性质的影响主要是指对于土壤的构型、土壤的理化性质、土壤肥力等的影响。施工期间，因施工机械的开挖、回填及碾压等对土壤理化性质、构型、肥力水平等产生的影响，需要一段时间来恢复。其中，公路建设项目可恢复的公路用地主要包括的内容如图 5-3 所示，这些用地按要求都应进行生态恢复(特殊情况除外)，严格地讲立交区中央分割带不应叫生态恢复，这里为了便于分析暂且将这部分投资也归于生态恢复投资。下面我们就对这些用地的生态恢复投资的效果进行分析说明。

1) 高速公路

我国高速公路的站区一般都进行了绿化，绿化恢复效果良好。除去站区生态环境恢复之外，还存在其他地区的公路用地也需要对生态恢复做相应的工作。

(1) 公路用地生态恢复现状概述

相比高速公路站区用地来说，其他公路用地生态恢复状况不尽相同，具体各类用地生态恢复状况见表 5-18。

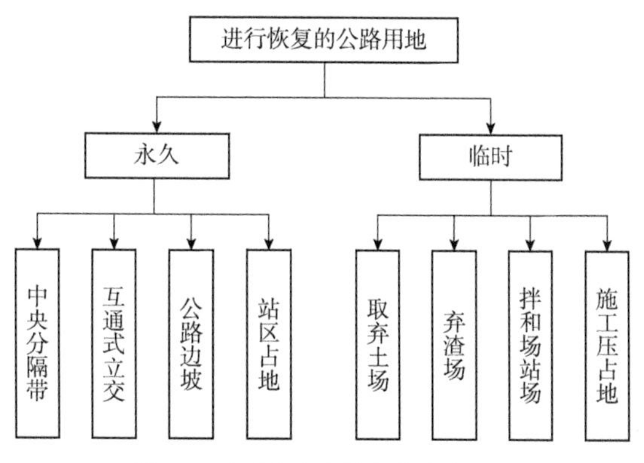

图 5-3　应进行生态恢复的公路用地

公路用地生态恢复状况　　　　表 5-18

地区	名称	恢复情况
浙江	金华至丽水高速公路	公路沿线部分弃渣场覆土、绿化率低,个别弃渣占用了河道滩地
浙江	甬台温高速公路瓯海南白象至瑞安龙头段	临时占地 296 亩基本恢复,但公路沿线仍有弃渣场没有绿化
福建	宁德至罗源高速公路	临时用地四处恢复效果良好,其他未恢复
广东	深汕西高速公路	中央分隔带及两侧路界、互通式立交的绿化率良好,沿线仍有个别的集中弃渣场、取土场未恢复或生态恢复效果较差
辽宁	锦州至朝阳高速公路	绿化、临时用地恢复效果良好
河南	北京至珠海国道主干线漯河至驻马店段	临时用地 87 处,只有一处未恢复或复耕
河南	连云港至霍尔果斯国道主干线三门峡至灵宝段	中央分隔带及两侧路界、互通式立交的绿化率 100%,绿化效果良好
湖北	襄十高速公路武当山至许家棚段	公路建成后植被恢复、绿化及景观建设状况良好,效果优于环评要求
北京	公路六环子小村至大庄段	坡面防护率达 100%,公路景观与自然景观协调,两处取土场已复耕
青海	街子至浪加桥段(改建)三级路	取、弃土场共 23 处,恢复 19 处,恢复率为 82.6%
陕西	榆林至靖边高速公路	林草覆盖度达 60%~80%,20 个取、弃土场一个未整治,两个整治但未恢复

注:1.关于生态方面的效果,这里主要以临时用地的恢复和绿化和临时用地情况来说明。
2.资料主要来自环保验收调查报告。

由表 5-18 可见,高速公路中央分隔带及两侧路界、互通式立交的生态恢复率较高,恢复效果良好,取、弃土场,弃渣场等恢复率相对较低,恢复效果一般。

(2)公路用地生态恢复环保投资效果

我国高速公路公路用地恢复投资占总环保投资较大比重,恢复的主要是采用绿化、植草等生态恢复,在此我们就以公路绿化的投资效果为例说明我国公路在此方面的环保投资的效果。我国部分高速公路绿化环保投资及效果见表 5-19。

高速公路绿化环保投资及效果 表 5-19

省份	名称	绿化投资(万元)	投资效果
湖北	襄十高速公路武当山至许家棚	535.4	中央分割带、边坡、互通立交区及收费站均植树植草进行绿化,边坡外侧也种植了一定数量的乔灌木,种植草皮 29.9 万 m^2,种植乔、灌木 18.1 万株,与高速公路周边的橘树、茶树、油松、植被等相融合项目沿线进行了大面积的绿化
河南	漯驻路	1666	在路基边坡、路中央分割带、服务区、收费站及占地界内采取了绿化措施,实行草、灌、乔结合的防护原则。中央分割带种植黄杨球 25000 株,边坡种植紫穗槐 52.6 万 m^2,4 个互通立交区绿化面积约 18.4m^2,公路两侧种植 20m 宽杨树绿化林带,共 3.8 万株。全线绿化工程投资达 1666 万元
湖北	汉十襄荆高速公路连接线	511.7	在路基边坡、路中央分隔带、互通式立交区域及占地界内采取了绿化措施,共种植草皮 18.6 万 m^2,种植乔、灌木 24.2 万株,绿化投资 511.7 万元。全线路基基本上被人工草皮和自然草皮所覆盖
陕西	榆靖高速公路	7130	种草 104606 亩,植树 137 万株。边坡植草绿化覆盖率达到 95%以上,路沿线绿化采取了距路边 500~800m 线上播种、800m 以外飞机播种的绿化措施,同时采用了乔灌木、草方格沙障固沙措施,使林草覆盖度达到 60%~85%,沿线的现有绿化水平明显优于公路建设之前的状况
福建	宁德至罗源高速公路	170	全线绿化范围包括中央分隔带绿化、边坡、立交区绿化、隧道口绿化、取弃土场绿化及服务区,收费站和管理所绿化,效果良好

由表 5-19 可以看出绿化环保投资效果明显,中央分隔带、边坡、立交区、取弃土场等用地都进行了良好的恢复,基本上恢复了建设用地的生物量和绿化量,有效地防止了水土流失并形成优美的景观,改善了高速公路的营运环境。

(3)实例分析

根据生态环境保护投资效益定量计算方法,对京沪高速公路南通—上海段的环保投资效益进行分析,了解高速公路环保投资在生态环境保护投资中产生的效益。经查《京沪高速公路建设项目竣工验收报告书》可知京沪高速公路南通—上海段环保投资总额 1.688 亿元人民币，采取的生态环境保护措施主要为保护森林、草地植被和保护被破坏的土地资源。其中，京沪高速公路南通—上海段生态环保投资具体数据见表 5-20。

生态环境环保投资一览表　　表 5-20

占地种类	占地面积(hm^2)	环保修复/投资种类	环保投资(万元)
永久占地面积	1153.12	淹没区面积	0.0
永久占用耕地面积	563.06	恢复耕地面积	35.68
永久占用草地面积	0.0	恢复草地面积	0.0
永久占用林地面积	421.54	恢复林地面积	280.86
永久占用其他面积	168.52	恢复其他面积	18.86
工程绿化面积	809.92	工程绿化投资	10888.26
治理水土流失面积	1488.52	水土保持投资	6000

根据京沪高速公路南通—上海段的自然、生态和经济状况，代入公路投资效益模型可以得出此地的生态环保总效益，具体见表 5-21。

建设项目生态环保投资总效益　　表 5-21

指标	投资效益(万元)
涵养水源作用产生的效益	0.06
恢复草地植被生产力的效益	0
固定 CO_2 效益	6255.50
净化空气的效益	456.70
森林气候控制效益	94.67
森林实物资源的效益	31.10
森林土壤所产生的效益	8.10
保护草地植被侵蚀控制功能的效益	0
恢复森林、草地植被的效益	84.30
恢复耕地资源生物调控功能所带来的效益	1.10
减少公路水土流失效益	33491
耕地资源恢复效益	481.70
总效益	35274.23

根据表5-21中数据显示,京沪高速公路南通—上海段环保投资总效益达到了3.53亿元人民币,以环保投资总额1.688亿元人民币换算的话,京沪高速公路南通—上海段每1元环保投资可以产生的环保投资效益为2.09元人民币,净收益达到了1.09元人民币。所以单纯从收益来看,对于公路的生态环境保护投资还是必要的。

2)低等级公路

我国低等级公路一般不设服务站、区、中央分隔带和立交区,其他公路用地的生态恢复效果差,恢复率低,有的低等级公路基本没有对公路用地进行恢复,这一方面说明我国低等级公路环保投资较少,另一方面也说明此部分的环保投资没有被有效使用。表5-22是宁夏银古高速公路辅道公路用地恢复情况调查表,银古辅道按三级路标准修建。由表可知,低等级公路对一些公路用地基本没有采取生态恢复,引起的生态破坏后果较为严重。

银古辅道公路用地恢复情况 表5-22

指标	状态
地块	干旱草原区
坡面和压占面积(m^2)	320000m^2(约16km)
地形部位	路旁弃土
地面组成部分	弃渣、弃土及废料
原地面坡度	<5°
现地面坡度	8°~15°
挖深或堆置高度(m)	1~2.6
坡向	东西
坡长(m)	2~3
周边植被状况	差
植被恢复状况	无
土壤侵蚀类型	风力侵蚀为主,局部有水力侵蚀
土壤侵蚀强度[$t/(km^2 \cdot a)$]	原生1500$t/(km^2 \cdot a)$,新增9000$t/(km^2 \cdot a)$
水土流失危害情况	严重,可能会影响到公路安全

5.2.3 结论

经上分析可知我国生态保护投资效益现状:高速公路明显优于低等级公路,

高速公路中央分隔带、站区、立交区恢复效果优于临时占地,对植物的保护效果好于对动物的保护。

5.3 社会经济环保投资效益现状

高速公路建设的发展,不仅促进了绿通产品运输、高客运输的快速发展,还拉动了集装箱运输、货物运输的快速发展,使公路运输结构也越来越完善,运输速度和效益得到了较大的改善,其运输效率得到了有效地提高。除此之外,与混合行驶相比,高速公路设立了快车道和慢车道,这种车道的设置不仅会使汽车的油耗量损耗以及行驶的时间能够得到有效的减少,而且会使汽车行驶的舒适度也得到大大地提高。不仅能够将城市与城市之间相互连接起来,而且可以促进城市与城市之间经济的发展,通过城市之间商品相互流通,商品销量就会得到不断的提高,使消费得到不断激励,最终以消费能力的不断提高来带动经济发展较差地区的快速发展。同时,便利的交通对旅游业的发展也具有推动作用,进而对经济的发展会产生良好的促进作用。不仅会给周围沿线带来很大的交通便利,使货物的运输更加方便,从而会对招商引资、投资建厂等投资类项目起到良好的激励作用,这样一来城市之间的间距就会得到大大地缩短,有效促进解决城市之间就业难的问题及来往困难的问题,人们的幸福感就会得到大幅提升。高速公路的发展带来这些经济和社会效益的同时也对人类或动物生活带来了一些相应的影响,社会经济环保投资则主要就是为解决高等级公路分隔造成人类通行产生的影响而设置的人行通道或人行天桥工程产生的费用,为保护文物古迹不被破坏而专设的高架桥工程产生的费用以及在危险品运输中对突发性事故等采取的应急措施产生的费用等。

5.3.1 通道、高架桥等效益现状

我国高速公路在设置通道和通道桥等为减少公路阻隔效应的费用,以及为保护文物等专设的高架桥工程等的投资到位,效果良好,基本缓解了高速公路对沿线居民的阻隔作用,对人们的生产生活影响较小,对文物等起到了良好的保护作用,取得了良好的经济和社会效益。如表 5-23 所示的几条高速公路平均每 0.8km 设置一个人行通道(或通道桥),这些通道使高速公路对两侧居民的正常交往和

田间耕作的影响降到了最低限度，对减小公路的阻隔影响起到了良好效果。

高速公路设置通道状况 表 5-23

省份	路段	全长(km)	通道(处)	通道桥(处)	平均每公里通道数(含通道桥)
河南	漯驻高速公路	67.2	82	54	2.02
湖北	襄十高速公路武当山至许家棚段	27.7	27	—	1.0
湖北	汉十襄荆高速公路连接线工程	20.5	36	2	1.8
福建	福鼎至宁德高速公路	141.2	110	12	0.8
平均每个通道(含通道桥)间隔距离(km)					0.8

5.3.2 应急措施效益现状

我国公路应急方面的投资效果较差。虽然大部分高速公路在沿线设置了应急电话，但是还缺乏专业的应急和处理事故的专业队伍，对于一些突发事件处理效果还不理想。一旦发生事故，会造成严重损失。例如 2005 年 3 月 30 日，在京沪高速公路淮安段，一辆载有 35t 液氯的槽罐车与另一辆货车相撞，导致槽罐车液氯大面积泄漏，造成公路旁 3 个乡镇村民重大伤亡，中毒死亡 27 人，送医院治疗 285 人。

5.3.3 结论

我国公路人行通道、高架桥等防治阻隔和保护文物的投资效果良好，公路应急方面的环保投资效果还有待进一步提高。

5.4 环境管理等环保投资效益现状

公路建设项目环保投资是为了治理环境污染、补偿生态破坏，以及为了保护和改善公路沿线生态环境而投入的资金，也包括公路项目的环境管理、环保科技投入等。其中，环境管理、环保科研、环保设计和环境评价等的环保投资，对我国公路的环保工作起到了很好的促进、保障作用，且收到了良好的效益。因为通过增加环保投资比例、探索环保投资多元化、提高环保投资收益才是包括环境影响后评价等环保投资可持续发展的重要途径。为准确获取环保投资效益影响，保证环保资金来源,可以通过银行利率的浮动来调动公路环保资金投入的积极性,根据公路环保投资的力度和实际收益来适当调节公路建设的贷款利率,从而提高环保投资的收益率。

5.4.1 环境管理中相关报告费用

环境管理是由监测、监理、监控、人员培训等环节组成,以防止环境污染、维持生态平衡为目的,为达到预期的环境目标而进行的一系列综合性活动。通过环境管理,可以使经济体系保持可持续发展,实现公路建设项目经济效益、社会效益和环境效益的统一结合。公路建设项目一般为大型基础建设项目,建设周期长、对周围环境影响较大是此类项目的典型特点。因此,在项目规划期就需要进行相关的调研并制定可行性方案实现对环境的统一管理,从而更好地保护环境。其中,公路建设项目规划期所制定的相关报告主要包括环境影响报告书、水土保持方案、土地复垦方案报告书等,编写、制定这类报告所产生的人员费、材料费和评估费用等都应归入环保投资的范畴。以上相关报告需在公路建设项目施工之前编制完成,并且只有在上述报告获批后工程才可进行施工,因此这类费用应属于规划期的范畴。并且此类费用对于工程的具体实施过程中环保工作具有非常重要的指导推动作用,所以此类环保费用产生的效益相对较难量化,但却是比较可观的。

5.4.2 科研项目费用

科研项目是指为了认识客观事物的内在本质以及事物本身的运动规律,利用仪器、装备及科研手段进行的试验、调查和研究等一系列活动。在公路建设项目中,进行科研项目的研究是为了寻找出最合适的方法来解决在建设公路过程中所遇到的环境问题,从而在公路建设时达到保护其周边生态环境的目的,使人类经济活动与生态环境和谐共处。所以,公路建设项目应对项目所遇到的特殊环境问题投入资金来进行科研项目研究,挖掘寻找既经济又有效果的方法来缓解公路建设项目所带来的环境问题,从而更好地保护环境、协调经济行为与环境保护的关系。公路建设项目的科研项目应该在项目的可研阶段开展,从而将其研究所取得的成果直接应用于公路建设当中,最大限度地减少公路建设对环境带来的负面作用,因此科研项目费用也应纳入规划期环保投资的范畴。虽然科研项目类科研成果能够直接影响到公路建设中环境保护作用,但其成果的理论性和实际应用过程之间会存在相应的衔接问题,所以,对于科研项目类环保投资的投资效益显得不是特别直观,同样也较难量化。

5.5 小　　结

本章对公路环保投资在环境污染治理、生态保护、社会经济和环境管理等方面进行了系统的效益分析。

在环境污染治理方面,其中,声环境污染治理投资效果显著,声屏障等投资对降低噪声保护敏感点起到了良好的作用,但是由于总体投资较少,我国公路运营期噪声污染治理总体状况不佳。水环境污染治理投资效益存在相应差别,在施工期生活污水治理效果欠佳;对河流等水体保护效果良好,路面污水基本没有对周围环境造成污染;服务站区污水处理效果良好,但 NH_3-N 去除效果有待进一步提高。大气污染治理环保投资效益在施工期的大气污染治理投资效果良好,基本不会对大气造成不良影响,公路在运营期对大气质量影响较大。

在生态保护投资方面,高速公路明显优于低等级公路,高速公路中央分隔带、站区、立交区恢复效果优于临时占地,对植物的保护效果好于对动物的保护。

在社会经济环保投资方面,我国公路人行通道、高架桥等防治阻隔和保护文物的投资效果良好,公路应急方面的环保投资效果还有待进一步提高。

在环境管理等环保投资方面,由于其特殊性,大多都是潜在的一些效益形式,较难量化其产生的效益。

第6章　公路环保投资效益费用分析

我们主要按照公路环保投资的使用目的不同对公路环保投资的效益进行分类分析。对公路环保投资进行效益费用分析时主要是分析其中能够通过有关方法量化的效益,所以分析的效益不够全面。可量化的效益必然小于投资实际总效益,因此在做效费分析时效费比大于或接近1我们就认为环保投资效益明显。对一些不能量化的效益尽量做到定性描述。在进行分析前先作如下说明:

第一,基态的确定。

本章分析的效益是指由于进行了环保投资,减少和补偿环境破坏而产生的效益,而不是在分析公路建设总体的环境损益状况。分析是以假设环境已被公路建设破坏而没有任何环保资金投入时的环境状况为基态,只要比这个基态有所改善,就计算为环保投资的正效益。我们的分析目的在于使大家对公路环保投资的效益有一个较为准确的认识,从而重视公路环保投资。

第二,分析方法。

本章采用的是效益费用分析的方法进行分析,主要对生态保护投资和环境污染治理投资方面的单独环保投资进行详细分析,其他方面的分析只作简要介绍。由于绿化具有多重效益,无法将其归为那一目的的环保投资,故将做单独分析。具体分析方法主要以替代法、影子价格法、市场价值法、影子工程法等为基础,结合公路环保投资效益的实际特点而采用的具体计算方法。

第三,效益的时间价值。

在进行效益量化时,要考虑到不同时期效益的时间价值。但本章在进行效益分时采用的影子价格、影子工资、替代成本等都采用在进行效益分析时的现值,没有考虑影子价格、影子工资、替代成本随时间的增长,且所计算的效益都是不够精确的估算值,所以在计算环保投资效益过程中就不再乘以将第 n 年的效益转换为现值的转换因子。

同时,在对环境保护活动当中,我国也建立了“两级四类”的环保标准体系。

两级是指国家级和地方级，四类指环保基础标准、环保方法标准、环境质量标准和污染物排放标准，见表6-1。基于这一标准体系，再对公路建设项目环保投资效益费用进行分析。

环境保护标准体系　　表6-1

标准类别	标准地位	标准名称
环保基础标准	环保基础标准，是在环境保护工作范围内，对有指导意义的符号、指南、名词术语、代号、标记方法、标准编排方法、导则等所作的规定。它为各种标准提供了统一的语言，是制定其他标准的基础	《环境保护标准编制出版技术指南》（HJ 565—2010）
环保方法标准	环保方法标准是在环境保护工作范围内，以抽样、分析、试验操作规程、误差分析、模拟公式等方法为对象而制定的标准	《水质　采样技术指导》（HJ 494—2009）、《水质　样品的保存和管理技术规定》（HJ 493—2009）、《环境空气　降尘的测定重量法》（GB/T 15265—1994）、《锅炉烟尘测试方法》（GB 5468—1991）、《声环境质量标准》（GB 3096—2008）、《铁路工程建设项目环境影响评价技术标准》（TB 10502—1993）
环境质量标准	环境质量标准是为了保护人群健康、社会物质财富和维持生态平衡，对一定空间和时间范围内的环境中的有害物质或因素的容许浓度所做的规定。它是环境政策的目标，是制定污染物排放标准的依据，是评价我国各地环境质量的标尺和准绳，也为环境污染综合防治和环境管理提供了依据	《环境空气质量标准》（GB 3095—2012）、《地面水环境质量标准》（GB 3838—2002）、《海水水质标准》（GB 3097—1997）、《声环境质量标准》（GB 3096—2008）、《土壤环境质量　建设用地土壤污染风险管控标准（试行）》（GB 36600—2018）
污染排放标准	污染物排放标准是国家（地方、部门）为实现环境质量标准，结合技术经济条件和环境特点，对污染源排入环境的污染物浓度或数量所作的限值规定。污染物排放标准是实现环境质量标准的手段，其作用在于直接控制污染源，限制其排放的污染物，从而达到防止环境污染的目的	《污水综合排放标准》（GB 8978—1996）、《大气污染物综合排放标准》（GB 16297—1996）、《恶臭污染物排放标准》（GB 14554—1993）、《建筑施工场界环境噪声排放标准》（GB 12523—2011）

6.1　水土保持环保投资效益费用分析

公路在施工期和运营初期会引起水土流失问题。当自然环境因道路建设而改变时，稳定因素（如植物）和不稳定因素（如流水）之间的弱平衡被破坏，侵蚀开始。有些时候侵蚀造成的影响远不止在公路区域的影响,还要影响到远处的坡、溪流和堤坝等。侵蚀的类型一般有水力侵蚀(包括溅蚀、面蚀、沟蚀)、重力侵蚀、泥石流侵蚀和风力侵蚀等。施工初期对公路用地范围内的植被进行清理,施工过程中山体开挖、填土、筑路堤都造成地表裸露,取、弃土场也增加了裸露面。原有地表植被及水保设施可能在施工过程中被毁坏,填挖过程中造成大量陡峭边坡,在降雨量大时就会形成土壤侵蚀。

6.1.1 分析内容

对于水土保持环保投资的效益分析主要包括修建档土墙、边坡防护、绿化等以防治水土流失的单独环保活动的效益分析。

6.1.2 水土保持环保投资效益费用分析

1)水土保持费用

水土保持费用 $C_{水保}$,可以根据设计文件和环境保护方案等估算。

2)水土保持环保投资效益估算

水土保持环保投资的效益:

$$B_{水保}=n \cdot W_{减} \cdot D_{土养分} \tag{6-1}$$

式中:$B_{水保}$——水土保持环保投资的效益(万元);

$W_{减}$——由于采取水保措施而减少的水土流失量(t);

$D_{土养分}$——减少流失的土壤单位体的价值(万元/t);

n——效益计算年限,一般为 20 年。

(1)减小水土流失量计算

由于采取防治水土流失措施而减少的水土流失量

$$W_{减}=(M_S-M_{S'}) \cdot A \tag{6-2}$$

式中:$W_{减}$——采取水保措施后减少的水土流失量(t);

M_S——采取水保措施后的侵蚀模数(t/km^2);

$M_{S'}$——采取水保措施前的侵蚀模数(t/km^2);

A——防治面积(km^2)。

(2)减少流失土壤单位质量价值计算

土壤单位质量的价值主要是计算土壤中 N、P、K 养分的价值。

$$D_{土养分}=Q\cdot L \tag{6-3}$$

式中：$D_{土养分}$——单位质量土壤的价值（万元/t）；

Q——单位质量土壤中 N、P、K 总量（t/t）；

L——化肥替代影子价格（万元/t）。

3）水土保持环保投资的效益费用分析

使用效费比 $B_{水保}/C_{水保}$ 的值进行费用效益分析结果评定，大于或接近 1 说明环保投资效益明显，否则说明效益不明显。

6.2 噪声防治环保投资效益费用分析

交通噪声属于感觉类公害。噪声对环境的污染与工业“三废”一样，是危害人类生存环境的公害。对于噪声影响的评价有其显著的特点，这主要取决于受影响的人的生理和心理因素。因此，交通噪声标准也要根据不同时间、不同地区和人所处于的不同行为状态来确定。

交通噪声是局限性和分散性的公害。这是因为交通噪声影响范围具有局限性和交通噪声源分布具有分散性（噪声源往往不是单一的）。此外，噪声还具有暂时性的特征，即噪声源停止发声，噪声过程随即消失。交通噪声源可分为道路交通噪声源和轨道交通噪声源。本书主要讨论道路交通噪声源，主要包括施工期施工机械、运输车辆等产生的噪声，以及运营期机动车辆在交通干线上运行发出的噪声。

噪声容易产生的影响主要有：

（1）人类听力损伤。长期噪声环境下工作和生活的人，耳聋发病率见表 6-2。

工作 40 年后噪声性耳聋发病率 表 6-2

噪声[dB(A)]	国际统计(ISO)	美国统计(%)
80	0	0
85	10	8
90	21	18
95	29	28
100	41	40

（2）干扰睡眠。睡眠能够使人的新陈代谢得到调节，使人的大脑得到休息，

让人恢复体力和消除疲劳。可见,充足的睡眠是保证人体健康的重要因素。连续的噪声可以加快熟睡到轻睡的回转,使人熟睡时间减少。突然的噪声甚至可以打断人的正常休息和睡眠,使人突然惊醒。一般 40dB 的连续噪声可使 10%的人受到影响,70dB 的噪声可以使 50%的人受到影响。突然的噪声在 40dB 时,会使 10%的人惊醒;而在 60dB 时,可使 70%的人惊醒。

(3)干扰正常交谈、工作思考过程。噪声对交谈的影响见表 6-3。

噪声对交谈的影响 表 6-3

噪声[dB(A)]	主观反映	保持正常讲话距离(m)	通信质量
45	安静	10	很好
55	稍吵	3.5	好
65	吵	1.2	较困难
75	很吵	0.3	困难
85	大吵	0.1	不可能

道路的交通量、车型构成、车速、路面坡度和糙率等因素是交通噪声大小的决定因素。以 HR 公路段各类车型辐射噪声级(表 6-4)和各类车辆交通噪声贡献值(表 6-5)可以量化地看出噪声对周围居民的影响程度。噪声的这些影响会引起人的烦躁情绪,使人激动、易怒甚至失去理智,因噪声引起的民事纠纷也是十分常见的情况。基于此,对于交通噪声类环保投资是十分必要的。

HR 公路段各类车型辐射噪声级[单位:dB(A)] 表 6-4

道路名称	车型	近期		中期		远期	
		昼间	夜间	昼间	夜间	昼间	夜间
大王家村	小型车	68	66	67	66	67	65
	中型车	75	73	74	72	74	72
	大型车	83	82	83	81	82	81
卫国村、永和村	小型车	68	67	68	66	67	66
	中型车	76	73	75	73	74	72
	大型车	83	82	83	82	83	81
珍宝岛乡	小型车	69	67	68	66	68	66
	中型车	77	74	76	73	75	72
	大型车	84	82	83	82	83	82

续上表

道路名称	车型	近期		中期		远期	
		昼间	夜间	昼间	夜间	昼间	夜间
独木河村	小型车	67	64	67	64	68	66
	中型车	73	71	73	72	74	72
	大型车	82	81	82	80	83	81

HR公路段各类车辆交通噪声贡献值[单位:dB(A)]　　表6-5

道路名称	时间段		距公路中心线距离(m)										
			红线处	红线外10m	红线外20m	红线外30m	红线外40m	红线外50m	红线外60m	红线外90m	红线外120m	红线外150m	红线外200m
虎饶公路虎头至饶河段	近期	昼间	64.3	63.5	62.2	61.3	59.5	57.8	57.2	56.7	56.3	55.5	54.8
		夜间	56.5	55.8	54.5	53.5	51.8	50.1	49.5	49	48.5	47.7	47.1
	中期	昼间	65.7	64	63.7	62.7	61.9	60.3	59.7	59.2	58.7	57.9	57.3
		夜间	58.3	57.5	56	55.1	54.3	52.6	52	51.5	51.1	50.3	49.6
	远期	昼间	69.9	69.1	68.9	67.9	66.1	64.4	63.9	63.3	62.9	62.1	61.4
		夜间	62.7	61.9	60.7	58.7	57.9	56.3	55.7	55.2	54.7	53.9	53.3

公路建设项目在施工期和运营期都对周围的环境产生许多的不利影响。直接不利影响为沿线居民生活质量降低,间接影响则会造成公路沿线房屋的价值下降。通过采取相应的噪声防治措施,可使公路沿线声环境噪声情况得到极大改善。做效益量化时一般采用意愿调查评价法对上述影响进行量化。

6.2.1 分析内容

对于噪声防治环保投资的效益分析主要包括修建声屏障、防噪林和安装防噪窗等以噪声防治为目的的单独环保活动的效益分析。

6.2.2 噪声污染防治环保投资效益费用分析

1)噪声污染防治费用

噪声污染防治的费用$C_{声}$,可以根据设计文件和环境保护方案等估算。

2)噪声防治环保投资效益估算

噪声防治措施当中比较典型的能够产生效益的有:

声屏障隔声效益，主要与声源、接收点、屏障位置、高度、长度以及屏障结构性质有关。在计算噪声衰减效益时，首先根据距离和声音频率计算菲涅耳 N 数，根据 N 数查出相应的衰减值 dB。其中，菲涅耳 N 数的计算公式为：

$$N=\frac{2(A+B-d)}{\lambda} \tag{6-4}$$

式中：A——声源与屏障顶端距离(m)；

B——接收点与屏障顶端距离(m)；

d——声源与接收点距离(m)；

λ——波长(m)。

植被吸收屏障效益，指声波通过高于声线 1m 以上的密集植物丛时，因植物阻挡而产生的声衰减。一般情况下，松树林带能使频率为 1000Hz 的声音衰减 3dB/10m；杉树林带为 2.8dB/10m；槐树林带为 3.5dB/10m；高 30m 的草地为 0.7dB/10m。

基于这两类主要的噪声防治方法产生的效益，主要计算可以通过一些特殊方法进行量化的效益。可量化的效益主要包括两部分：对附近居民的日常生活改善的效益和对公路沿线土地、房屋等的保值效益。其他方面的效益这里将不再考虑。

$$B_{声}=B_{声人}+B_{声土} \tag{6-5}$$

式中：$B_{声}$——噪声防治环保投资的效益(万元)；

$B_{声人}$——对附近居民的日常生活改善的效益(万元)；

$B_{声土}$——对公路沿线土地、房屋的保值效益(万元)。

(1)对附近居民的日常生活改善效益的估算

采用意愿型调查价值评估法(CVM)来估算噪声防治环保投资对附近居民的日常生活改善的效益。

选择一条影子公路进行调查分析。所谓影子公路就是要选择与拟进行效益分析的路段所在区域的经济、社会、自然环境、预计交通量等状况类似而没有进行噪声防治措施的路段。这样做的目的在于分析得出进行效益计算需要的三个影子系数：支付意愿的回归方程系数 a、b 和有迁离的愿望户的百分率 η。用这三个系数计算出的效益值乘以一个系数调整系数 $\lambda_{噪}$ 得出效益值系数 $\lambda_{噪}$ 与进行效益分析路段的降噪效果有关。

①CVM 确定影子系数

采用意愿型调查价值评估法(CVM)对所选取的影子公路进行调查分析,目的是得出效益分析时所需的三个影子系数。

CVM 的具体操作是通过采访,要求调查对象对环境的变化标出价值。一项 CVM 要解决 5 个技术问题:采访的方式、调查问卷的设计、数据统计分析、偏差分析和结果修正。采访可采用邮寄、电话和面谈的方式进行。由于公路沿线两侧居民的生活水平、教育程度的不同,采用邮寄的采访的方式,可能会产生问卷的合格率、回收率的大幅度变化。电话采访既费钱,效果又不佳。为此,我们建议选用面谈的采访方式。

a.调查问卷的设计。

影子公路问卷调查表的设计十分重要。首先,对问题进行描述,保证调查对象对有关问题能有清楚的了解;其次,要引导调查对象对环境变化进行评估,以获得其支付愿望(WTP)。此外,调查还应包括有关调查对象个人及家庭的社会、经济方面的一组问题,以供结果分析。问卷调查表一般应包含如表 6-6 所示几项。

噪声损失支付意愿调查表 表 6-6

调查项目	结果(在所选项上打"√")	备注
公路产生的噪声,对你家有无影响	(有,无)	
噪声影响程度如何	(不愉快,工作学习效率降低,头痛恶心等疾病增多,其他)	
为避免受……公路噪声的影响,你们是否有迁离公路沿线的愿望	(无,有,强烈)	
如果可以迁离到比较安静的地方,你每日最多愿多付费多少	(10,15,20,30,40,50…元)	
如果有迁离的愿望,你在每日接受多少补偿的情况下可以不迁离	(10,15,20,30,40,50…元)	
你的家庭月收入为多少	(_________元/月)	
家庭人口数	(_________人)	

b.数据统计分析。

根据上述问卷数据整理出如表 6-7、表 6-8 所示的表格。

公路沿线受噪声影响地区公众意见调查结果统计表 表 6-7

征询项目		人数	所占比例(%)
噪声对你家有无影响	有		
	无		
	不知道		
影响程度如何	不愉快		
	工作学习效率降低		
	头痛恶心等疾病增多		
避免受公路噪声的影响,你们是否有迁离公路沿线的愿望	无		
	强烈		
	有		
若能给你们换一套条件相同,但不受……公路噪声影响的住处,你们愿意每月适当多付费吗	愿意		
	不愿意		
	随便的		
在现有影响程度下,你们每日最多愿多付费多少	50 元以上		
	20~50 元		
	20 元以下		
你在每日接受多少补偿的情况下可以不迁离	100 元以上		
	20~100 元		
	20 元以下		

避免公路噪声支付愿望与家庭人均收入表(单位:元/月) 表 6-8

调查总户数(户)	有迁离愿望的户数(户)	迁离愿望率(%)	家庭人均收入(元/月)	支付愿望(均值)(元/月)

表 6-8 对统计结果分析没有直接作用,但表格统计结果可以间接帮助技术人员全面了解公众为规避噪声可以承受的支付意愿,以便得到更好的分析结果。

c.确定三个影子系数。

有迁离的愿望户的百分率 η 可以通过表 6-6 直接得出。

影子系数 a、b 的确定可以通过分析避免公路噪声支付愿望与家庭人均收入的关系，建立回归方程，将调查资料的数值带入回归方程进而确定 a、b 的值。回归方程如下：

$$Y=a+bX \tag{6-6}$$

式中：Y——住户为避免公路噪声的支付愿望[元/(月·户)]；

X——住户家庭人均经济收入[元/(月·户)]。

并用 F 分布检验，证明其相关性的合理。

②计算效益分析路段的居民生活改善效益

效益分析路段的居民生活改善效益是利用经上述分析计算已知的影子系数 a、b、η 值进行计算。

$$B_{声人影'}=\sum_{i=1}^{n}12Y_n\cdot N\cdot\eta \tag{6-7}$$

$$Y_n=a+bX \tag{6-8}$$

式中：$B_{声人影'}$——用影子系数算得的居民生活改善效益(元)；

Y_n——效益分析路段的支付意愿[元/(月·户)]；

X——住户家庭年的人均经济收入[元/(月·户)]；

N——影响区域内居民户数(户)；

n——效益计算年限，一般为20年；

a、b、η——影子系数，为已知。

a.偏差分析。

由于意愿价值行为倾向与真正行为之间仍然存在差别，必然导致意愿调查结果的偏差。这些偏差类型主要有以下几种：

(a)激励的不真实反应，会产生策略偏差和奉承偏差。

(b)受隐含线索的影响，会产生信息偏差、起点或范围偏差。

(c)答卷人对调查表的误解产生的偏差主要有：误解偏差、尺度误解偏差。

(d)样本取样范围和代表性的偏差，指导采样范围太宽或太窄。被抽取的人的组成结构相对于总体人口样本缺乏代表性，即取样缺乏随意性。这是一个十分关键和敏感的误差。

b.结果修正。

通过过孝民等人的研究得出，CVM调查的WTP值往往要大于实际支付值，行为倾向比实际的支付要高出25%~33%，本书选取中间的数值29%。

所以：

$$B_{声人影}=(1-0.29)B_{声人影'} \tag{6-9}$$

式中：$B_{声人影}$——用影子系数算得经过修正后的居民生活改善效益（元）。

③对附近居民的日常生活改善效益 $B_{声人}$ 的计算

$$B_{声人}=B_{声人影}\cdot\lambda_{噪} \tag{6-10}$$

式中：$\lambda_{噪}$——调整系数，取值为 0~1，取决于预计降噪效果。噪声达到国家有关标准取 1，否则取小于 1 的值，超标越严重取值越小。

(2) 土地、房屋的保值效益

考虑到房屋价值的下降是由于土地价值下降引起的，土地保值效益已经包括房屋的保值效益。由此，在这里只计算沿线的土地保值效益，而不计算房屋的保值效益。土地价值下降估算方法为：

$$B_{声土}=J_{声土}\cdot S \tag{6-11}$$

式中：$J_{声土}$——土地价值下降估算值（万元/m^2）；

S——受噪声影响的土地面积（m^2）。

$$J_{声土}=M\cdot q \tag{6-12}$$

式中：M——影响范围内的土地的影子价格（万元/m^2）；

q——土地价格下降率（%），有关资料显示可以取 0.08%~1.26%，根据情况选择。一般生活水平较高地区、若不采取措施产生噪声较大、实际投资治理效果好的路段可选择较大值。

3) 噪声污染防治环保投资的效益费用分析

使用效费比 $B_{声}/C_{声}$ 的值进行费用效益分析结果评定，大于或接近 1 说明环保投资效益明显，否则说明效益不明显。

6.3 水、气污染防治环保投资效益费用分析

公路水污染类型繁多。公路建设期由施工过程产生的生活、生产污水，运营期公路附属设施（如加油站、收费站）和管理处等产生的污水，公路路面径流产生的污水，都会造成水污染。交通事故也会导致水环境的污染。例如，公路运营期间，公路收费站污水、服务区污水、未经处理的洗车污水、交通事故化学物质污染水等经地面径流冲刷排入河流、农田、池塘，渗入地下，都会造成地表水质和地下水质污染。

公路大气污染种类可分为建设期粉尘污染、机械运行产生的废气污染等，以及营运期大气环境污染（主要通过汽车尾气排放、曲轴箱窜气和汽油蒸气等途径进入大气中）。污染物有一氧化碳、氮氧化物（NO、NO_2 等）、碳氢化合物（包括苯、苯并芘等）、铅、细微颗粒物、二氧化硫、二氧化碳、氧化亚氮（N_2O）及臭氧等。汽车尾气排放到大气中的碳氢化合物和氮氧化物，在特定的气象和地理条件下形成光化学烟雾，其主要成分是臭氧和过氧化酰基硝酸盐（PAN）等光化学过氧化物，毒性大。正常情况下，在高速公路沿线会设置环境空气敏感点以便实时监测公路沿线的环境质量。高速公路沿线噪声、空气环境敏感点一览表见表 6-9。

高速公路沿线噪声、空气环境敏感点一览表 表 6-9

编号	桩号	所属镇(乡)	名称	距离道路中心线最近距离(m)	人口(人)	户数(户)	200m 内总户数(户)	所属路段	耕地面积(亩)	与道路相对方位
1										
2										
…										
n										

由此可见，对于公路建设项目过程中产生的水环境污染和大气环境污染投入环保经费治理是十分必要的。而且在公路水、气环境保护费用效益分析中，对费用和效益的正确理解至关重要。费用是指为了避免或减少水、气污染而采取的各种措施所产生的费用。效益是指因为环保措施而使得水、气污染降低，从而带来的各种社会经济收益。

6.3.1 分析内容

水、气污染防治环保投资主要是指为防治水、气污染而采取的各种措施的费用，如洒水降尘、防尘设备、污水处理设施等的费用。

6.3.2 水、气污染防治环保投资效益费用分析

为了进行水、气污染防治环保投资效益估算，要选择一个影子公路进行损失

分析,即选择一条与拟分析公路的外界条件类似而没有采取水、气污染防治措施的公路做损失分析。具体方法是用影子公路的损失值 $E_{影水气}$ 乘以系数 $\lambda_{水气1}$ 和 $\lambda_{水气2}$,得出效益分析路段的水、气污染环保投资的效益。

1)水、气污染防治费用

水、气污染的防治费用 $C_{水气}$,可以根据设计文件和环境保护方案等估算。

2)水、气污染防治环保投资效益估算

(1)影子公路的损失值估算

公路建设项目对水环境和大气环境的影响主要表现在对人体健康的影响。区域内环境改善可导致人们减少患病的收益,使农作物产量上升以及产生额外清洗费用减少的效益。根据影子公路建设对沿线的大气、水环境所产生的不利影响,可从三个方面计算影子公路建设对大气、水环境产生污染破坏的损失值,即:

$$E_{影水气} = E_{影健康} + E_{影农} + E_{影清洗} \tag{6-13}$$

式中:$E_{影水气}$——影子公路由于水、气污染引起的损失值(万元);

$E_{影健康}$——人体健康的损失(万元);

$E_{影农}$——农作物减少的损失(万元);

$E_{影清洗}$——沿线居民额外清洗费用的损失(万元)。

①人体健康损失 $E_{健康}$

公路建设和运营期所产生的大量废气严重影响公路沿线的空气质量。这些被污染的大气对人体呼吸系统产生危害,增加呼吸系统疾病。据国内外有关成果表明,大气污染涉及的呼吸系统疾病包括慢性鼻炎、慢性支气管炎、支气管哮喘等。在水环境受污区,由于污水中含有大量的有机物、微生物、重金属、石油类物质等,对人体健康也会产生损害。有关资料显示,在大气、水环境方面受污染的公路沿线,某些居民肠道系统方面的疾病发病率明显高于非公路沿线区域。

下面运用人力资本法,选择慢性支气管炎和肠道疾病作为主要的考察对象,对人体健康损失进行估算。估算公式为:

$$E_{健康} = n[P \cdot \sum T_i \cdot L_i + \sum Y_i \cdot L_i + P \cdot \sum H_i \cdot L_i + P \cdot \sum W_i \cdot I_i] \cdot M/10000 \tag{6-14}$$

式中:$E_{健康}$——大气、水污染对人体健康的损失值(元);

T_i——第 i 种病患者人均丧失劳动时间(h);

L_i——污染发病率(污染区和清洁区 i 种病的年发病率差值,%);

Y_i——第 i 种病患者平均医疗护理费用,用影子价格表示(元/病人);

P——人力资本(效益分析路段地区的人均影子工资,元);

H_i——第 i 种病患者陪床人员的平均误工费,用影子工资表示(元/病人);

W_i——第 i 种病过早死亡的年经济损失(元/年);

I_i——污染死亡率(污染区和清洁区 i 种病的死亡率差值);

M——污染覆盖区域内人口数(人);

n——效益计算年限,一般为 20 年。

需要特别说明的是,上式所有涉及影子价格和影子工资都用效益分析路段所在区域的值,而不是用影子公路所在区域的值。

②农作物损失 $E_{农}$

农作物损失主要是指由于空气污染和水污染使农作物产量减少、质量下降而导致的经济损失。质量下降主要反映在产品价格的下降。这类损失的计算一般采用影子价格法,其计算公式为:

$$E_{农}=E_{农1}+E_{农2} \tag{6-15}$$

式中:$E_{农1}$——由于水、气污染导致产量下降引起的损失(万元);

$E_{农2}$——由于水、气污染导致产品质量下降引起的损失(万元)。

$$E_{农1}=n\sum_{i=1}^{m}\beta_i\cdot S_i\cdot Q_i\cdot P_i/10000 \tag{6-16}$$

式中:n——效益计算年限,一般为 20 年;

β_i——第 i 种产品的减产系数(%);

S_i——第 i 种产品的受污染面积(亩);

Q_i——第 i 种产品污染前单位面积年正常产量(kg/亩);

P_i——第 i 种产品污染前的价格(元/kg);

m——受污染产品的种类总数。

$$E_{农2}=n\sum_{i=1}^{m}\alpha_i\cdot(1-\beta_i)\cdot S_i\cdot Q_i\cdot P_i/10000 \tag{6-17}$$

式中:n——效益计算年限,一般为 20 年;

β_i——第 i 种产品的减产系数(%);

α_i——第 i 种产品的减价系数(%);

S_i——第 i 种产品的受污染面积(亩);

Q_i——第 i 种产品污染前单位面积年正常产量(kg/亩);

P_i——第 i 中产品污染前的价格(元/kg);

m——受污染产品的种类总数。

需要特别说明的是,上式所有因子除受污染导致的各产业减产系数外都用效益分析路段所在区域的值,而不是用影子公路所在区域的值。

③引起的额外清洗费用 $E_{影清洗}$

大气污染使得家庭清洗时间增加。据调查,北京城郊每人每年家庭清洗和清扫时间较远郊对照区多了 9 天。空气污染还缩短了衣物的使用年限,增加了水、电、洗涤剂等的经济支出。上述两项的总和即公路建设对沿线居民所产生的额外清洗费用。

即:

$$E_{影清洗}=E_{影清洗1}+E_{影清洗2} \tag{6-18}$$

式中:$E_{影清洗1}$——家庭多支出的清洗工时费(万元);

$E_{影清洗2}$——清洗增加能耗和物耗费用(万元)。

$$E_{影清洗1}=n\cdot P\cdot I\cdot T_i\cdot G/10000 \tag{6-19}$$

式中:P——污染人口数(人);

I——劳动人口率(%);

T_i——年增加清洗时间(天);

G——平均影子工资[元/(人·天)];

n——效益计算年限,一般为 20 年。

$$E_{影清洗2}=n\cdot P\cdot F\cdot T_2 \tag{6-20}$$

式中:P——污染人口数(人);

F——人群在空气中每滞留 1h 所增加的清洗物质消耗经济费用;

T_2——年人均户外滞留时间(h/人);

n——效益计算年限,一般为 20 年。

需要特别说明的是?平均影子工资用效益分析路段所在区域的值,而不是用影子公路所在区域的值。

(2)防治水、气污染环保投资效益估算

$$B_{水气}=\lambda_{水气1}\cdot\lambda_{水气2}\cdot C_{影水气} \tag{6-21}$$

式中:$\lambda_{水气1}$——影子公路污染覆盖人口数/效益分析路段污染覆盖人口数;

$\lambda_{水气2}$——调整系数,取值为0~1,取决于水气污染治理效果,如果达到国家有关标准则取1,否则取小于1的值,超标越严重值越小。

3)水、气污染防治环保投资的效益费用分析

使用效费比$B_{水气}/C_{水气}$的值进行效益费用分析结果评定,大于或接近于1说明效益明显,否则说明不明显。

6.4 绿化环保投资效益费用分析

6.4.1 分析内容

本节对绿化这一单独环保活动的效益进行分析。

6.4.2 绿化环保投资效益费用分析

1)绿化费用

对于绿化的费用$C_{绿化}$可以根据设计文件和环境保护方案等进行估算。

2)绿化环保投资的效益估算

$$B_{绿化}=B_{涵}+B_{水保}+B_{固CO_2}+B_{制氧}+B_{净化}+B_{降噪} \tag{6-22}$$

式中:$B_{涵}$——涵养水源作用产生的效益(万元);

$B_{水保}$——水土保持作用产生的效益(万元);

$B_{固CO_2}$——固碳作用产生的效益(万元);

$B_{制氧}$——制氧作用产生的效益(万元);

$B_{净化}$——净化空气作用产生的效益(万元);

$B_{降噪}$——降噪作用产生的效益(万元)。

(1)涵养水源效益

在生态环境中,植被对水源的涵养作用无疑是非常重要的。在此采用影子工程法对涵养水源效益进行分析:

$$B_{涵}=\sum_{i=1}^{n}R_{i总}\cdot D/10000 \tag{6-23}$$

$$R_{i总}=R_i\cdot A \tag{6-24}$$

式中:$R_{i总}$——第i年植被新增蓄水总量(m^3);

D——单位蓄水量的库容成本(可根据我国建设库容的成本取0.67元/m^3);

R_i——单位面积植被第 i 年新增蓄水量(m^3/m^2);

A——植被绿化面积(m^2);

n——效益计算年限,一般为20年。

(2)水土保持效益

绿化水土保持的效益 $B_{水保}$ 的估算有两种方法:第一种是采用本节介绍的水土保持效益的估算方法进行估算;第二种是采用影子工程法对绿化水土保持的效益进行估算,即假如要达到同样的水土保持效果,采用工程防护需要的费用。

(3)固定 CO_2 效益

计算固定 CO_2 的效益方法主要有碳税率法和制造成本法。西方一些国家使用碳税制限制 CO_2 等温室气体的排放,如挪威的税率为227美元/tc,瑞典的税率大约150美元/tc,美国1990年引入的税率仅为15美元/tc。环境经济学家们往往使用瑞典税率,也有人使用制造成本法计算植物固C价值。有关专家的研究表明,造林成本为38美元/tc,而且也有人认为,每年碳债权为130美元/hm^2。根据我国的实际情况,确定固定1t纯C成本为250元。现用影子价格法对此损失进行估算。

根据光合作用反应方程式 $CO_2(264g)+H_2O(108g)\longrightarrow C_6H_{12}O_6(108g)+O_2(193g)\longrightarrow$ 多糖(162g)可知,植物生产162g干物质,可吸收固定264gCO_2,即植物每生产1g干物质,需要1.63gCO_2。

$$B_{固CO_2}=1.63\times250\times T_{总}\times\frac{C_{分子数}}{CO_{2分子数}} \tag{6-25}$$

式中:$T_{总}$——第20年的绿化植被总生长量。

(4)制氧效益

$$B_{制氧}=\sum_{i=1}^{n}A\cdot Q_n\cdot L/10000 \tag{6-26}$$

式中:A——绿化的植被量(m^2);

Q_n——单位面积植被第 n 年的制氧量(kg/m^2);

n——效益计算年限,一般为20年;

L——氧气的影子价值(可取工业制氧成本0.4元/kg)。

(5)净化空气效益

$$B_{净化}=\sum_{i=1}^{n}A\cdot Q_n\cdot L/10000 \tag{6-27}$$

式中：A——绿化的植被面积(m^2)；

Q_n——单位面积植被第 n 年对 CO、NO_x 的吸收量(g/m^2)；

L——削减单位重量 CO、NO_x 的成本(元/g)；

n——效益计算年限，一般为 20 年。

(6)降噪效益

在绿化的空间里，声能投射到树叶上，一部分转变为动能和热能，一部分被反射到各个方向，再经过叶片之间多次反射，不断减弱，直到最后消失。国外对草地与浓荫树林的减噪效果进行试验，证实了其减噪功能。表 6-10 和表 6-11 显示草地和树林的降噪效果以及不同树种的减噪量。实际进行降噪效益估算时一般只计算林带的降噪效益，对草地的降噪效益不予计算。

草地和浓荫树林的降噪效果 表 6-10

频率(Hz)	草地(dB)	浓荫树林(dB)
125	0.5	0.8
250	1.5	1.5
500	3.0	1.8
1000	2.5	2.0
2000	1.0	3.0
4000	1.0	5.0

不同树种的减噪量 表 6-11

树种	减噪量(dB)
圆柏、桦树、赤杨、红瑞树、枫杨、连翘、忍冬、接骨木、山楂	4~6
毛叶山梅花、鹅耳枥、洋丁香、枸骨叶冬青、杜鹃花	6~8
中东杨、荚、椴树	8~10
桐叶槭	10~12

①降噪林带降噪量的估算

当声波穿过树林时，一部分声波入射到树叶和树枝表面，经过不断的反射和折射，消耗了能量；另一部分声波被树叶和树枝所吸收而产生衰减，消耗了部分能量。因此树林的附加声衰减分为吸收和反射两部分。

林带对噪声的衰减量因树林品种、种植方式、稠密度及季节变化等而差别很大。通常林带的平均衰减量用下式估算：

$$\Delta L_{树林} = k \cdot b \tag{6-28}$$

式中：k——林带的平均衰减系数，取0.12～0.18dB/m；

b——噪声通过林带的宽度，10m。

由上式可知，对于宽度不大（如≤10m）的绿化林带来说，噪声实际衰减量是有限的，因此不应把绿化林带的降噪效果估计过高。绿化对人的心理作用往往大于其实际降噪作用。

一般由林带引起的噪声附加衰减量不应超过10dB，即$\Delta L_{树林}$最大值为10dB。规范规定，预测点的视线被树林遮挡看不见公路，树林高度为4.5m以上，如树林深度为30m时$\Delta L_{树林}=5$dB，如树林深度为60m时$\Delta L_{树林}=10$dB，最大值为10dB。

此外也可以根据同济大学姚成等对不同宽度、不同树种组合的林带进行多次测量，推导出的林带衰减计算公式进行计算。该计算公式如下：

$$\Delta L_{林带} = b \cdot \sqrt{\overline{H} \cdot \sum D_i \cdot \gamma} \tag{6-29}$$

式中：b——树林的综合衰减系数（dB/m）。当树种为枝叶宽大而柔软的热带植物时，其值为0.6；当树种为大部分国内生长的温带植物时，其值为0.5；当树种为枝叶细小而坚硬的寒带植物时，其值为0.4。

$\sum D_i$——树林的连续宽度（m），为各林带实际宽度之和；

$\overline{H}$——树林平均高度（m），$\overline{H} = \frac{\sum_{i=1}^{n} H_i}{n}$，$H_i$为各列树中最矮树木的树蓬高度；

γ——树枝和树叶的密集程度。当枝叶稀疏，但能连成片，每列间可透视时，$\gamma=0.1\sim0.3$；当枝叶中等密集，每列间可少量被透视时，$\gamma=0.4\sim0.6$；当枝叶非常密集，每列间不能被透视时，$\gamma=0.7\sim0.9$。

②降噪效益的估算

绿化降噪的效益$B_{降噪}$主要采用替代工程法进行估算，即计算假如要达到相同的降噪效果采用建造声屏障或者安装双层窗所花费的费用。

(7)其他效益

绿化除上述5方面的效益外还有诸多其他效益。如可以迅速恢复因公路建设而损害的自然植被，从而维持生态平衡；能降低气温、调节湿度、吸收太阳辐射。

有资料表明，当夏季气温为27.5℃时，草坪表面温度为22~24.5℃时，比裸露地面低6~7℃，比沥青地面低8~20.5℃，可缓解驾驶员疲劳感，降低交通事故率。这些效益在进行量化等方面还存在很多困难，有待进一步研究，在此就不再进行分析。

3）绿化环保投资的效益费用分析

使用效费比$B_{绿化}/C_{绿化}$的值进行费用效益分析结果评定，大于或接近1说明环保投资效益明显，否则说明效益不明显。

6.5 耕地、林地生态环境效益量化的方法

市场价值法利用因环境质量变化或生态变化引起的可用市场价格来计量的产量和利润变化，计量环境质量或生态变化的经济效益或经济损失。对耕地的生态环境效益的量化可以采用直接市场价值法。对采取生态环境保护措施后产生的效益进行量化具体的方法如下：

对于耕地来说，其主要经济价值来源于其上的农作物和经济作物的价值：

$$B_{耕地} = \sum_{i=1}^{n} (M_{后i} - M_{前i}) \cdot P_i \tag{6-30}$$

式中：$B_{耕地}$——耕地的生态效益（元）；

$M_{后i}$——生态环境保护投入后第i种农作物耕地面积（hm^2）；

$M_{前i}$——生态环境保护投入前第i种农作物耕地面积（hm^2）；

P_i——第i种农作物市场价格（元/hm^2）；

i——农作物种类。

关于农作物的市场价格，如果产出物具有完全竞争的市场价格，应直接采用市场价格计算其经济价值；如果存在市场扭曲现象，应对其市场价格进行相应调整。

对于林地来说，除了其上生长的植物之外，还有涵养水源、保护土壤和固定CO_2等的作用。因此，对于林地来说，生态环境效益除了直接效益之外，还有很多间接效益。林地的直接效益来自林地上生长的植物，可以通过直接市场法，分析林地上农作物的经济价值，得到林地的直接效益。由于热带雨林土地上的生长植物不同，计算分析时分两种情况：第一种为有累积效应的生长物$B_{直1}$；第二种为每

年可复种的土地农作物 $B_{直2}$。

（1）直接效益 $B_{直}$ 的计算

$$B_{直}=B_{直1}+B_{直2} \tag{6-31}$$

式中：$B_{直}$——林地的生态环境直接效益（元）；

$B_{直1}$——林地中有累积效应的生长物的直接效益（元）；

$B_{直2}$——林地中每年可复种的土地农作物的直接效益（元）。

$B_{直1}$的计算方法为：

$$B_{直1}=\sum_{n\eta=1}^{m} T \cdot L_{m1} \cdot (1+r) \cdot \frac{1-(1+r)^{n}(1+R)^{-n}}{R-r} \tag{6-32}$$

式中：T——土地建设前原始森林的现有蓄积量（m^3）；

L_{m1}——林地上 $m1$ 种农作物的市场价格（元/m^3）；

r——土地建设前森林的年净效益增长率（%）；

n——环境价值评价年限，一般为 20 年；

R——社会折现率，一般取 12%；

$m1$——农作物种类（种）。

$B_{直2}$的计算方法为：

$$B_{直2}=\sum_{m2=1}^{m} Y \cdot L_{m2} \cdot A \cdot B \cdot (1+r) \cdot \frac{1-(1+r)^{n}(1+R)^{-n}}{R-r} \tag{6-33}$$

式中：Y——复种农作物的单位产量（t/hm^2）；

L_{m2}——农作物的单位市场价格（元/t）；

$m2$——复种农作物种类（种）；

A——复种农作物种植面积（hm^2）；

B——一年农作物的复种次数（次/年）。

（2）间接效益 $B_{间}$ 的计算

依据林地的生态环境系统的循环机理，结合生态环境因子改变导致的环境效益改变，确定 $B_{间}$ 为：

$$B_{间}=B_{涵}+B_{土壤}+B_{固CO_2}+B_{净化} \tag{6-34}$$

①涵养水源效益 $B_{涵}$

林地间接效益中 $B_{涵}$，可以通过建造蓄同样水量水库的所需投资来体现，该投资即保护林地获得的经济效益。这种环境效益计算方法即影子工程法。影子工程法是恢复费用法的一种特殊形式。当环境物品和劳务难以评价或由于发展计划可能失去环境物品或劳务时,经常借助于可能提供环境物品和劳务替代物的补充工程的经济费用来确定选择方案的顺序。因此,影子工程法就是当某一环境被污染后破坏后,人工建造一个工程来代替原来的环境物品或劳务的功能,然后用建造该新工程的费用来估计环境污染或破坏造成的经济损失的一种方法。

$$B_{涵}=R_{总}\cdot D\cdot\frac{1-(1+R)^{-n}}{R} \tag{6-35}$$

$$R_{总}=R\cdot A \tag{6-36}$$

$$R=\frac{Q\cdot\alpha}{1000} \tag{6-37}$$

式中:$R_{总}$——年径流总量(m^3);

D——单位蓄水量的库容成本(元/m^3),取 0.67 元/m^3;

R——单位年径流量(m^3/m^2);

A——植被破坏面积(m^2);

Q——年平均降水量(mm);

α——径流系数。

②保护土壤价值收益 $B_{土壤}$

保护土壤价值收益包括减少土壤侵蚀的收益和减少土壤养分流失的收益。

$$B_{土壤}=B_{土蚀}+B_{土养分} \tag{6-38}$$

式中:$B_{土蚀}$——减少土壤侵蚀带来的效益,见式(6-39);

$B_{土养分}$——减少土壤中 N、P、K 养分流失的效益,见式(6-40)。

$$B_{土蚀}=\sum_{i=1}^{m}q\cdot A/(h\cdot\rho)\cdot L_3\cdot(1+r)\cdot\frac{1-(1+r)^n(1+R)^{-n}}{R-r} \tag{6-39}$$

式中:q——减少土地侵蚀量(t/hm^2);

A——土地植被面积(hm^2);

h——土壤表土平均厚度(m);

ρ——土壤平均密度(t/m^3);

L_3——单位面积土地生产平均收益(元/m^2);

m——植被种类数。

$$B_{土养分}=A \cdot Q_1 \cdot L_4 \cdot \frac{1-(1+R)^{-n}}{R} \tag{6-40}$$

式中:A——征用土地植被减少破坏面积(hm^2);

Q_1——单位面积土层中 N、P、K 总量(t/hm^2);

L_4——化肥替代市场价格(元/t)。

③净化大气价值损失 $B_{净化}$

$$B_{净化}=A \cdot Q_2 \cdot L_5 \cdot \frac{1-(1+R)^{-n}}{R} \tag{6-41}$$

式中:A——植被面积(hm^2);

Q_2——单位面积植被对 CO、NO_x 的吸收量(t/hm^2);

L_5——消减单位重量 CO、NO_x 的效益(元/t)。

6.6 其他环保投资效益费用分析

除了上述进行效益分析的环保投资外,还有其他多方面的环保投资,例如环境管理、环境监测、环境评价、环保设计等。对于这些环保投资的效益在这里就不再进行详细分析。这不是因为这些环保投资不重要,也不是因为这些环保投资效益低下,实际上这些环保投资的效益要远远超过以上详细分析的各环保投资的效益,主要是由于现阶段对于这些效益还没有比较简单实用的量化方法。我国对这些环保投资十分重视,已经为这些环保投资的有效实施采取了很多的保障措施,如《交通建设项目环境保护管理办法》《中华人民共和国环境影响评价法》《公路环境保护设计规范》等的制定实施,确保这些环保工作的有效落实。

6.7 小　　结

本章主要介绍了公路环保投资中通过水土保持、噪声防治、水气污染防治、绿化环保和耕地、林地生态环境以及其他类型环保投资产生的效益进行费用量化分析。

通过量化费用分析,可以更加直观地看出公路建设项目想要减少对自然、生态和社会环境产生的影响需要花费的相关投资费用需要达到多少,以及进行环保投资之后能够消减的各类影响的效果是否明显。例如,在噪声的防治环保投资方面,典型公路建设项目环保投资在噪声防治方面的投资额度,以及本投资额度下能够达到的去噪效果是否明显。通过投资额度和产生的效果之间进行量化分析,就可以看出公路建设项目在噪声防治环保投资中是否能够达到国家标准。更重要的是可以通过民意调查来看公路建设施工产生的噪声通过环保投资防治是否可以控制在周围居民的正常生活范围内,会不会对周围居民生活造成比较大的影响。最终,根据量化结果分析出噪声防治需要产生的环保投资费用总量。

其他方面的环保投资效益费用分析都是基于此类方法,并通过量化方法实现最终的环保投资费用状况分析。

第7章　公路环保投资及其效益的问题与对策

在我国公路建设项目飞速发展的过程中，公路环保投资及其效益一直是其中的短板，与我国其他产业的环保投资发展模式类似，这是由我国改革开放后一段时间"重经济发展，轻环境保护"的发展基调所决定的。我国公路的环保投资及其效益还存在较多的问题，其中涉及环保资金投入、国家环保政策机制、环保技术创新、环保项目管理等多个方面。本章深入分析我国环保投资及效益面临的主要问题及其产生的原因，有针对性地提出解决措施。

7.1　公路环保投资及其效益面临的问题

7.1.1　面临的主要问题

我国公路环保投资及其效益面临的问题主要有以下三点：

1）公路环保投资总量不足

由第2章分析可知，我国大部分高速公路的环保投资是1%~3%，即使极少数高速公路的环保投资超过10%，其治理效果还没有完全达到有关标准。由第3章分析可知，虽说声屏障等环保投资都起到良好的效果，但总体上敏感点超标严重。这主要还是因为环保投资不足，环保措施效果不佳。我国公路环保投资严重不足，尤其西部地区和低等级公路的环保投资缺乏情况更是严重，实际工程中的环保投资由于各种原因往往小于统计和估算值。公路建设的经费相当紧缺，环保投资往往被列入节约项目之中。在已建、在建和拟建的高速公路投资概算中，环保投资往往不足工程总投资的1%，实际投资只有0.3%~0.7%。

2）公路环保投资使用结构不太合理

由前面章节分析可知，人们比较重视生态绿化和水土保持，这两项的投入比例占到环保投资总额的70%,其中主要是绿化。实际上高速公路绿化的投资额一般占环保投资的70%以上,比例偏高。而其他方面的环保投资还没有引起人们的高度重视,投资所占比例偏低。公路环保投资使用结构还有待进一步优化。

3)公路环保投资实际效益不高

总体上我国公路建设项目环保投资的实际效益不高,有些环保投资没有被有效使用。实际上一些在验收时比较难以精确确定其效果的环保投资还没有真正发挥其效益,例如施工期的洒水降尘、噪声控制、生活污水治理、临时用地恢复等。有的地方甚至将环保投资停留在统计资料上。

7.1.2 产生的原因

造成公路环保投资上述问题的主要原因如下:

1)公路环保投资来源和投资主体比较单一

我国公路还没有形成较大规模、完善的投融资体系。长期以来,政府一直是公路环保投资的主体,社会公众和企业投入资金较少,市场投资和融资手段不健全,缺少民营企业参与市场竞争体制,从而导致环保投资效益较差。总的来说,我国公路环保投资主要存在以下问题:一是公共预算、环境收费、国债等政府投资手段和渠道发挥着公路环保投资的主导作用,但投入力度不足;二是政府以外的投资主体的商业融资手段严重不足或缺位,导致公路投资方只能依靠自己的资金能力做到"谁修路谁治理";三是城镇居民的生活污水和垃圾收费制度还处于起步阶段,亟须发挥应有的作用;四是公路沿线生态保护及农村环境保护没有明确资金渠道。

在政府承担公路环保投资主体责任的情况下,缺乏加大公路环保投资的动力。在现行环境下,没有经济奖赏、没有法律制约,很难激发环保投入的积极性。2009年,我国鼓励一些地区财政部门代理发行地方政府债券,但相比其他债券种类,环保债券发展较差,未能成为比较重要的环保融资方式。同时,环保投资中的股票融资功能也未得到有效发挥。这些对我国公路环保工作开展都产生一定的影响。

2)建设各方环保意识淡薄、能力较弱

在公路的立项和建设中,建设各方仍然仅将自身视作盈利性的经济组织,未能有效认识到自身作为社会性组织的环保责任,也就不能将"建设与环保并重"的原则体现在公路规划、设计、施工、管理、运营全过程中。人们往往是为了环保而环保,没有真正认识到公路环保工作的重要性,以致资金不足时首先要压缩的就是环保投资。另一方面,企业必须将有限的人力和技术资源同时配置到建设道路和环境保护治理两个领域,无法分享社会分工和市场竞争带来的规模效益和管理高效率。在环境基础设施建设和运营领域,不可避免地形成政府垄断格局,造成资金使用的低效率。

3)公路环保规划设计执行程序不严密

我国公路建设的规划设计对环境保护影响因素调查不全面,重视不足,规划设计人员专业单一,未形成多学科专业人员协同开展公路建设的队伍。在公路环保规划涉及环节中,大部分公路建设方均采用自主设计设施、自主运行管理的环保管理模式,较少考虑通过委托合同方式充分利用社会化分工和规模经济效应,让专业化企业或技术团队设计环保设施。由于环保技术水平不高、工艺质量较差,往往达不到设计的预期效果,导致现有的绿化设计、防噪措施在施工中不能得到全面落实,或者相应设施根本无法运转,或者设施运行成本高、无法正常运行。特别是中小施工企业问题较为突出。在整个公路施工过程中,环保设施建设的执行程序脱节,缺乏有效的监督机制。

4)生态公路的规划设计经验缺乏

随着我国政府对环保问题的重视和人们环境意识的提高,公路设计单位希望能够设计出环保路、生态路,但由于缺乏生态基础理论,生态公路规划设计可借鉴的成功经验不多,设计中往往出现注重表面的现象。如绿化设计讲究“三季有花,四季如春”,弃土场一味追求“整平复耕”等,与项目地区的生态学特征不相符合,不能取得预期的生态效果。

5)公路环保投资管理不完善

我国公路环保投资管理还没有实现全过程的管理,对投资的管理基本上属于结果控制,主要通过环保验收对环保投资的实施和有效性进行检查评定。这种模式很容易造成建设各方不重视,在环保验收时无法直接看到其效果的环保投资。

7.2 公路环保投资及其效益问题的解决措施

经过分析公路环保投资存在的主要问题和产生的原因,我们建议主要采取以下措施进行解决。

7.2.1 加大公路环保投资

我国公路环保投资总体上占总投资的1%,其中高等级公路相对较高,一般占1%~3%,低等级公路一般在1%以下。根据《中国环境统计年鉴(2021)》中已有的统计数据,在"十五"到"十三五"期间,中国环保投资(指污染治理和生态保护方面的投资,不包括生态建设投资)占国内生产总值的比例在1.0%~1.8%。公路交通建设项目对环境的破坏在生态、噪声等方面的影响要远超过其他行业,所以,我们认为每个公路项目的环保投资比例应高于1.5%这个平均水平,低等级公路的环保投资在十四五期间总体上应达到1.5%~2.0%;高等级公路环保投资中绿化投资占较大比例,且在建设和运营期对环境的影响也较低等级公路大,其环保投资比例应在低等级公路的两倍以上,即高等级公路在十四五期间的环保投资总体上应达到4.0%~5.0%。为达到这一目标,在未来几年应该采取各种措施加大公路环保资金的投入。

1)确保公路环保资金投入

可以通过法规、政策、经济杠杆、管理等手段确保公路环保投资的投入,提高人们进行公路环保投资的积极性,以逐渐增加公路环保投资。

(1)政府加大对公路环境保护的投入

增加国家财政预算用于公路工程项目环保的支出,加强环保主管部门统一监督管理和参与引导投资的能力,确保向全社会提供充足优质的公共产品和服务。具体措施如下:

①建立政府公共财政预算制度,在中央和地方财政支出预算科目中建立公路环保财政支出预算科目,稳定提高政府财政对公路环保的支出。公路环保财政支出内容包括环境管理、环境监察、环境监测、环境规划、环境标准、环境信息、环境宣传和环境科学研究等。同时,还应加大对解决高速公路环境问题的关键技术攻关示范和推广支持的力度。

②明确公路工程污染治理费为国家所有资金,取消无偿"返还"政策,统一按照预算内资金使用管理。中央财政适当集中一定比例的工程污染治理费资金交由环境保护部门使用,引导社会环保资金的投向。

③增加政府在公路沿线环境公共基础设施、跨地区的污染综合治理、生态环境保护与建设以及履行国际环境公约等方面的投资。中央和地方政府可以组织

发行中长期环境建设或“绿色”债券和环保福利彩票。

④利用政府的信用资源，积极争取国际金融组织、国外政府的优惠贷款和援助；建立中央、地方或跨地区的公路环保投资基金或国家环保投资公司，强化政府对环境投资的宏观调控能力。

(2)相关法规的完善

法的本质是管理的工具，它的基本特点是强制性。也可以建立相关法律法规来强调公路环保的重要性，利用法来约束人们，增强人们的公路环保意识，提高公路环保投资。

①要通过法的形式进一步完善、明确公路环保工作的内容和应达到的标准以及确定其评定标准，以改善环境质量为核心，不断调整排放限值。

②明确各环保机构和交通建设各方的环保责任，做到责权清晰。

③对公路环保投资的量作出较为明确的要求，例如可以根据地域、自然生态环境、公路等级的不同给出相应的环保投资比例和每公里环保投资额。对于比较长的公路可以分段计算，各段中满足环保投资比例和每公里环保投资要求。各地政府应尽快加强这一方面的研究，尽快出台有关管理办法。

④要对违法者的处罚作出明确合理的规定说明。

当然，要做到上述内容，需要各方面的共同努力。要在对公路环保投资及其效益各方面的充分研究后，才能制定有关法规。

(3)政策、税收、银行利率等优惠条件的激励

公路环保投资的受益方不在投资方，而在公众和社会，所以投资方的积极性不是很高，可以通过政策、税收、银行利率等优惠条件的激励来提高人们的投资热情。在对现行各种环保投资优惠措施整理分析的基础上，废除过时的，并出台适应当前市场经济要求的激励性政策，以充分调动公路环保企业的具体激励性政策。具体措施如下：

①通过国家政策的倾斜，给予公路环保投资者减税(也可以设置环境税，变相减税)，在宏观上为公路环保投资创造盈利的环境和条件。

②通过银行利率的浮动来调动公路环保资金投入的积极性。例如，可以根据公路环保投资的力度和实际效益适当调节公路建设的贷款利率。公路环保投资额高、环保投资实际效益好的项目可以降低其贷款利率，反之则增加其贷款利率。

③在各类企业单位的污染物排放符合法定要求的基础上，对于进一步减少污

染物排放的,应当依法采取财政、税收、价格、政府采购等方面的政策和措施予以支持,激励企业根据自身实力和特点,积极选择合适的自筹资金渠道解决环保投资难题。围绕民间资本环保投资项目的经济收益问题,制定用地、用电、税收、价格等优惠政策。完善污染者付费制度,拓展建立盈利机制,推进第三方治理模式,引导金融机构和社会资本加大环保投资力度。

(4)参与各方的监督

随着公路环境问题日益严重以及人们对自身健康的重视,公众在公路环境保护与管理中的作用也越来越大。在行政监督等官方手段基础上,对公路环保保护的监督还可以充分发挥公众力量,加强公众参与力度,利用公众的眼睛、公路周围群众的力量保证公路环保工作的进行。监管措施具体如下:

①行政监督等官方手段

利用行政监督和各种管理手段确保公路建设项目的主管单位履行公路环境保护的义务,保证施工单位将环保工作落到实处,确保环保投资的专款专用。

②发挥国内的非政府组织(NGO)作用

NGO 自 1994 年成立以来,在发展过程中克服了很多难题。政府应加强对 NGO 的认识,并在有关 NGO 的相关制度建设上做出努力,在其中切实担负起教育和引导公众的职责。例如,可以借鉴国外 NGO 的优秀运行经验;协调政府与 NGO 之间的关系;为草根型 NGO 提供较为宽松的发展环境;平衡非营利与有偿服务的比例;提高 NGO 对公路环保事业的监督力度。

③提高公众听证会的效力

一是保证听证代表的广泛性、专业性和代表性,尽量解决听证中存在的信息不对称和政府角色问题;二是为听证制度提供法律保障,科学化听证问题,充分利用新媒体手段透明化听证过程;三是提高听证结果的权威性,严格执行听证结果,最后结果应依据听证会报告内容确定。通过公众听证会可以监督公路环保资金的流向和监督环境污染事件的处理情况。

④积极利用媒体的监督作用

一是媒体应探寻从提出与公路环境相关问题-分析问题-解决问题的全过程途径;二是切实发挥媒体的广泛性,发挥其舆论监督和导向作用,催醒和唤起公众环保意识,引导公众监督和曝光公路建设破坏环境生态的违法行为。

2)实现公路环保投资多元化

政府要建立多元化、多渠道和多层次的公路环境保护投融资机制,并将市场调控作为主导。

一是公路环保投资不能仅依靠国家、贷款,还要充分调动私人环保投资体的积极性和主动性,允许民间投资,引进外资和吸收私人资本,使得私人资本有效介入公路环保投资领域中。

二是政府应改善投资环境,推进环境保护市场化,培育社会化投资环境。具体可由以下四个方面完善投资环境:

①在贷款利率、还贷条件以及折旧等方面,对环保投资企业实行优惠政策。

②利用公路沿线治理资金、财政资金或专项基金对环保项目和有明显污染削减的技术改造项目进行贴息。

③环保投资公司和政策性银行应优先向公路项目污染控制和清洁施工提供贷款资金。

④由政府指定或市场竞争产生的企业,在一定的产权关系约束和政府的监督下,根据相对独立经营和自负盈亏的原则,生产、销售或提供环境公共服务或基础设施服务,经营收入来自公路环保治理费用。

三是我国政府相继出台了《国务院关于加强环境保护重点工作的意见》和《"十三五"节能环保产业发展规划》等有关环保企业融资的政策,下一步应督促相关政策的落地实施力度,继续加大对环保企业上市融资的支持和鼓励,并将融获资金用于环保投资各领域,从而解决政府融资的局限性。

四是国家应通过各种途径增加公路环保投资力度。例如可以征收燃油税、生态税,还可以采用发行公路环保彩票,建立公路环保基金等,由专门机构对环保资金加以管理,将国家信用作为保证,然后以贷款的形式向企业分配资金。

7.2.2 优化公路环保投资结构

公路环保投资结构优化是指在环保投资有限的情况下,根据各路段的实际情况,结合实际的经济等因素,得出各种环保投资的最优比例和投资额。把可单独识别的环保活动称为单独环保活动,公路环保就是由多个单独环保活动组成的,例如绿化工程、声屏障、污水处理设施、洒水降尘、环境监理等。但在评定、检查过程中,受到客观条件限制,某些单独环保活动也总是更加引人注目,容易作为环境保护的成绩被人们所渲染。然而,真正成功的环境保护却是靠其综合效益的提高,做到各单独环保活动效益之和最大化,其结果是以较小的成本获得较大的效益。这样,当我们看见某些单独环保活动减少时,不能简单地认为环保程度、力度下降;反之,某些单独环保活动数量的增加,也不一定意味着环保状况得到改善。所以说结合各地区的实际情况进行公路环保投资的使用结构优化是很重要的。公路环保投资使用结构优化可以实现环保投资效益的最大化。由于建设前期和运营期的环保投资占环保投资总量的比例较少,且对环保设计和环境评价等工作的环保投资都有标准的计算方法和投资额的参考值,在这里就不再对其进行优化研究。我们主要对施工期环保投资进行优化分析,其主要优化步骤如图 7-1 所示。

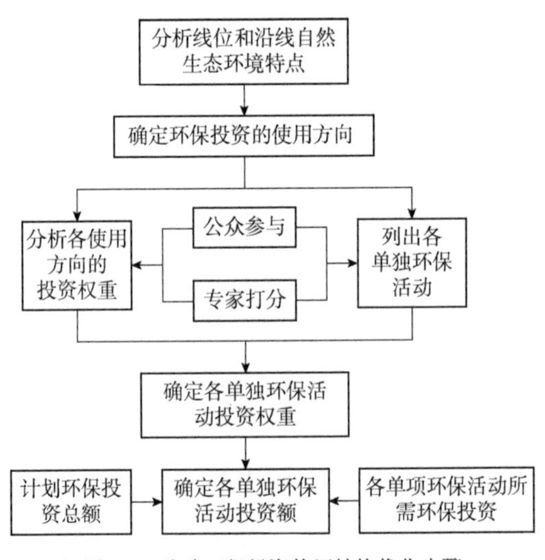

图 7-1　公路环保投资使用结构优化步骤

1)分析线位和沿线自然生态环境特点

是分析公路线位所通过区域的自然生态状况以及所经过的敏感点情况,如所在区域气候、地形、生态等状况。

2)确定环保投资的使用方向

经过 1)的分析后,确定环保投资的使用方向,如主要方向是防治噪声、保护水源、保护自然保护区、防治水土流失等。

3)分析各使用方向的投资权重

对 2)得出的环保投资使用方向进行分析,按重要性程度不同进行排列,得出各使用方向的环保投资权重系数 f_i,按照投资权重的大小决定投资满足的优先度,权重大的优先满足。在决定权重的过程中,主要采用专家打分法和公众参与的方式。公众虽说不是环境保护方面的专家,但是对一些与自己关系密切的环保活动可以提出很多值得参考的建议和比较符合实际的评定。关于专家打分法和公众参与的具体方式和对象选择要做到针对性强、分析全面、统筹兼顾,介绍有关方面的资料有很多,在这里就不赘述了。

在确定投资方向的同时也列出各相应的单独环保活动,比如噪声防治可以采用绿化、声屏障、拆迁等单独的环保活动。

4)确定各单独环保活动投资权重

是确定单独环保活动的投资权重f_{id}。f_{id}的确定要综合考虑路段的实际情况,以及各种单独环保活动的投资和效果。

5)确定各单独环保活动投资额

根据各单独环保活动的所需投资额、各使用方向的环保投资权重系数f_i、单独环保活动的投资权重f_{id}、环保投入度,综合考虑各单独环保投资的投入数额。

7.2.3 提高公路环保投资实际效益

1)政策、技术、经济手段

公路建设中要充分运用法律、法规,保证环保投资合理使用,加强环保投资效果的监督力度;鼓励建设单位采用防治公路建设项目环境污染的新技术、方法;对于为公路环保工作作出贡献的单位、团体、个人给予一定的经济奖励,反之则给予一定的处罚。

2)管理手段

提高公路环保的实际效益的一个重要手段就是加强环保投资的全程管理。公路建设项目环保投资全程管理如图7-2所示,就是要实行一套从建设前期到施工期再到运营期全过程动态的公路建设项目环保投资管理,实现各阶段环保投资的相互协调、相互制约和相互检验,最终通过管理手段提高公路环保投资的实际效益。

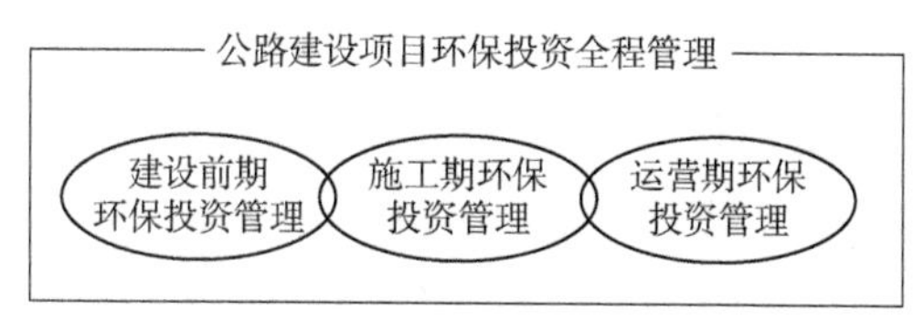

图7-2　公路建设项目环保投资全程管理

做好公路建设项目环保投资全程管理工作,要改变现有的公路环境管理模式和思维模式,实现公路项目的全程环境管理。现阶段我国公路环境管理应注意做好以下几点,才能有利于做好公路环保投资全程管理工作,提高公路环保投资的实际效益。

(1)增大环境因素在公路选线阶段的决定权重

从环境保护的角度来讲,减少公路建设对环境破坏的最经济、最有效的途径就是合理选线。好的线位要远离环境敏感区。这里所指的环境敏感区不仅包括居民点、医院、疗养院等,而且还包括水源保护区、自然保护区、野生动植物的栖息或生存区域等。但事实上人们在公路线位选择时比较重视工程、经济因素,而忽略上述环境因素,所以应加强环境因素在公路选线中的权重,综合考虑环境、工程、经济因素。

(2)强调环境影响评价的作用

这里的环境影响评价包括战略环评、环境影响评价、环境后评价等环境评价工作。这些环境评价工作对做好公路环保工作有着很大的促进作用。在实际工作中要重视环境评价工作,切实有效地落实环境评价中提出的各项环保措施和建议,不能只是为了环评而环评,还需建立环保投资的定期检查评价机制。同时,环评和环保科研等单位应充分利用环保投资进行公路环境评价和开展环保科研工作,并积极向委托单位说明环保投资使用情况,充分发挥这部分环保投资的作用,使其成果对公路建设项目施工期和运营期的环保投资的有效使用起到良好的指导和促进作用,为以后的其他交通项目环保工作提供经验。

(3)加强施工期环保投资管理

施工期的环保投资占公路建设项目环保总投资的80%左右,管理较为复杂,但现阶段主要由业主和监理共同管理(现阶段的监理主要是指工程监理,虽说我国公路在逐步实施环境监理,但还没有支付权和签字权)。加强施工期的环保投资管理要着重做好以下三点:

①实施施工期环保投资的量化管理

施工期环保投资的量化管理,就是对施工期环保投资进行量的细化,每一项环保工作都有其准确的投资额和评定、支付标准。对公路建设项目施工期环保投资实现量化管理,是提高整个公路环保投资管理水平的关键环节。只有实现量化管理,施工单位才能更好地落实环保投资的各项工作,保证环保投资效果。

②加强施工期环保投资的规范化管理

为形成科学化、规范化的施工期环保投资管理程序，首先应建立专业化的环境监理队伍，对施工期的环保投资实施规范的量化管理；其次应制定或完善相关制度、法规，做到“有据可依”管理，从而提高施工单位运用环保投资的效率和积极性，保证环保投资在施工期的有效使用。

③加强施工期环保投资的监督

公路主管部门、环境监理等机构要严格对公路施工期环保投资进行监督，保证环保投资正确有效的使用，不要将环保投资只落实到有关设计文件和统计资料，要切实保证环保投资专款专用。

(4)引入公众参与

这里的公众参与是指在公路项目的建设前期、施工期、运营期都要引入公众参与，实现公众对公路环保投资管理的全过程监督。公路建设各阶段的公众参与如图7-3所示。

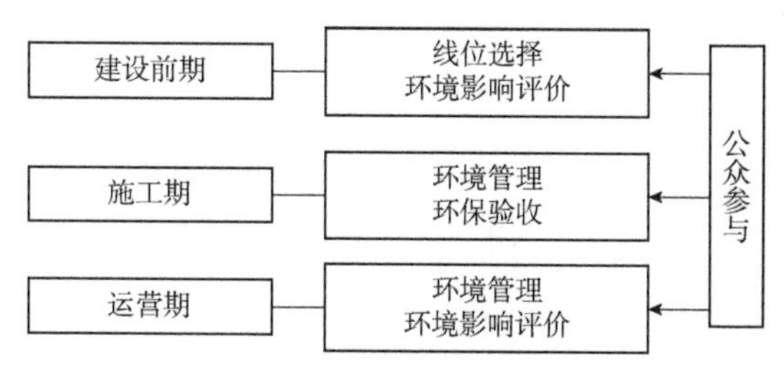

图7-3　公路建设各阶段的公众参与

(5)严控公路环保验收

对公路项目的环保验收要严格要求。环保验收时要加强对较为隐蔽项目的检查，如取、弃土场和施工临时用地，不要只重视绿化等比较直观项目的检查。甚至可以开展环保预验收，即在公路主体工程验收同时或者稍微提前进行公路环保预验收，检查应在主体工程竣工时完成的各项环保工作是否落实、效果是否良好。环保预验收没有通过的项目，主体工程不予验收或者视为不合格。环保预验收的结果带入环保验收。

(6)开展公路环境后评价

公路建设项目环境影响后评价是指公路项目建成投入正常营运后，在一定的时间内分析评价已建成营运的公路对其所在区域环境质量的实际影响，分析评价公路建设项目环境影响评价结论的准确性、可靠性和环境保护措施的有效性。通过环境影响后评价,可以分析公路环境影响评价中预测模式及参数选取的合理性,分析预测结果的精确性和出现误差的原因,分析环保措施的实际效果等。加强公路环境后评价,对环保投资的实际效益的考察,可以为正确预测环保效益提供参考,更为以后公路环保水平的提高提供指导性建议。

(7)加强运营期环保投资管理和决策支持

做好公路运营期环保投资管理,保证运营期的环保投资充分发挥效益,使得建设前期和施工期环保投资的效益得到很好的延续。另外,随着运营期的加长以及车流量不断增加,应加大对公路沿线的环保投资,如增建声屏障、种植绿化植被,以减少对沿线环境的影响。

(8)统筹协调建设前期、施工期和运营期全过程

首先,要重视环评和环保设计等建设前期工作,这一部分工作的好坏将直接影响环保投资的规划和使用效果,进而影响施工期和运营期的环保投资效果。其次,平衡施工期和运营期管理重视程度,改善我国"重建设轻管理"的普遍现象。比如我国高速公路的绿化工程、服务区环保设施在运营初期效果较好,但随着服务期加长,由于缺乏有效的维护管理,导致绿化工程损坏、污水超标排放等情况。最后,要加强环保项目投资全过程的科学分析水平,从经济学的角度分析项目成本与效益,促使项目建设人员能够更多地关注项目经济指标和财务表现,从可行性研究、投资决策、方案选择、效益评估、获利能力与财务表现等项目投资全过程进行经济分析,避免盲目投资。另外,有关行政管理部门应为项目建设人员制订科学的投资、融资以及资金使用计划提供必要的培训和技术支撑,以提升项目管理的效益和效率,为项目建设人员决策提供必要的数据和指标等支撑,提高决策的正确率和科学性。

7.2.4 发展公路环保科技和环保产业

1)公路环保科技

公路环保投资效益的好坏,不仅要依靠管理手段,还要依靠技术手段,即要积极发展公路环保科技,提高公路环保科技水平。现将我国公路环保科技的现状和今后的研究重点做如下分析。

(1)公路环保科技的现状

现阶段公路环保科技工作与公路交通环保事业发展的需要不相适应。公路

交通环保事业仍未摆脱粗放型增长方式,污染控制和生态环境建设的发展主要依赖投资规模扩大,公路环保事业科技创新不够,高新技术特别是信息技术和新材料技术等在公路环保方面没有重大突破。公路环保队伍总体实力薄弱且不够稳定。公路环保科技的总体水平与世界先进国家差距最少在20年。例如一些污染物的防治技术装备还不能满足公路环保的实际要求,还没有编写出具有针对性的环境污染治理技术手册等。

(2)公路环保科技研究重点

根据公路环保发展的迫切要求和科技的自身发展规律,公路环保科技的根本性变革的战略重点应选择在基础性研究、高新技术、改善生态环境技术等方面。

①公路环保的应用基础理论研究

公路环保的应用基础理论研究应突出环保目标,瞄准科学前沿,解决公路环境保护工作迫切需要的重大基础科学问题。

a.加强公路资源与环境基础研究,围绕公路建设持续发展这个中心,研究公路环境污染预测与控制理论,路域生态系统的保护、演变规律及调控机理,公路资源可持续利用理论等。

b.加强公路环保政策、规划、评价等方面的基础理论的研究。

②现代高新技术在公路环保科学上的应用研究

要加强信息技术在公路环保中的应用,建立、完善信息传输的公路环境监测系统和公路环境评价技术信息网络;利用遥感技术监测路域环境变化,进行公路资源预测与风险评价。例如在公路规划和线位选择中利用GIS和GPS支持的公路环境信息监测;利用GIS进行公路环境多因子综合评价、环境影响评价等。

③公路生态工程和生态修复技术的研究

研究应以不同自然地理地带的路域生态系统的恢复和重建、生态环境综合治理、公路可持续经营和节水、固坡生态工程技术为重点,形成适合中国实际的公路生态恢复体系的基本框架,最终实现公路生态环境和交通经济的协调发展。

(3)公路环保科技发展措施

①政府应大力支持环保产业的技术创新,增大公路环保投资力度。同时,还应促进企业培养、吸收环境保护专业的高级专业人才,投入到公路环保科技发展事业中,不断提高公路环保产业队伍的专业技术水平。

②提升公路环保投资实际效益归根结底还是依靠公路环境保护工艺水平和

环境保护设备质量的不断提高,因此,应大力研究和开发适用于我国经济水平的实用公路环保技术和装备。一是增加对相关技术和设备研发的投入;二是加强对经济实用型技术和装备的筛选、示范和推广作用;三是规范公路环保技术装备市场,提升整体水平。

③提供技术咨询政策。环境保护部门应为公路建设企业提供评估和咨询服务,以确保治污企业所投入某项技术或设备具有足够的可行性。

2)公路环保产业

公路环保产业的不断发展是提高公路环保投资效益的有效手段。公路环保产业包括:公路环保设计、评价、科研、监理;公路环保工程施工;公路环保设备的研制、生产等。以下对公路环保产业的现状和今后发展的重点及方向分析如下。

(1)公路环保产业现状

公路环保市场巨大,但目前存在的问题也还不容忽视。由于公路环保市场的组织管理工作还不完善,造成公路环保产业的无序发展或难以发展。公路环保市场的行政管理还缺少技术依据、市场准入制度、技术与产品的认证体系等,而且公路环保产业为数颇多的管理人员、技术人员还不太了解公路环保的内容和技术特点,造成公路各环保产业的发展还很不健全。

(2)公路环保产业发展重点

①公路环保技术规范的研究

我国气候、地质、物种差异相当大,公路沿线生态环境千差万别,应集中力量开展系统研究,以便制定适宜各地条件、可操作性强、经济性好的具体公路环保技术规范。

②专业化公路环保队伍的建立

公路环保市场很大,全社会都在积极参与,许多不规范的现象还存在,例如设计单位用园林设计代替公路生态保护设计,用民工队伍进行环保施工,用工程监理代替环境监理等。所以应尽快建立交通环保技术和产品检测中心,建立交通环保设计、环保工程企业资格审批制度,完善公路环保行业准入制度,从而加快专业化的公路环保队伍的建立。

③公路环保设备等的研制生产

加快适合于公路的相关环保设备的研制生产,如服务区污水处理设备,绿化、声屏障等环保单项工程的高效施工机械,以及加强适合公路环境监测的方便快捷的仪器设备，如水质、沥青烟、总悬浮微粒（TSP）等监测仪器。

（3）提升公路环保产业水平的措施

①在积极引入国外环保企业进入我国的同时，推动国内环保产业走向国际市场，引进竞争机制，加快进行企业改革和制度创新，为国内环保企业进行资产流动、重组和股份制改造提供经验。

②在为环保企业建立现代化管理制度的基础上，尽快形成合理的布局和结构，提高环保企业的科技开发能力、资产的运营能力和竞争力。具体的措施如下：完善出资人制度和法人治理结构；广泛采用现代管理技术和手段；完善激励、约束机制，建立一支高素质的经营者管理队伍。

7.3 小　结

有限的资金投入难以满足公路建设环保项目的良性运转，较为失衡的环保项目投资结构，以及公路建设项目环保投资未被充分利用、产出效益低下，是目前我国公路建设项目环保投资面临的三个主要问题。深入分析其中原因，一是当前我国环保投资仍以政府为主体，环保投资受政策等因素影响较大，造成环保投资总量一直位于较低水平；二是公路建设各方仍以“盈利至上”的管理理念经营项目，淡薄的环保意识和匮乏的环保项目管理能力导致环保项目投资结构失衡；三是公路环保规划设计流于形式、执行程序不严密、生态公路规划设计能力、经验严重缺失，导致公路建设项目环保投资效益产出低下。

针对上述存在的问题：一是需要提高环保投资总量水平，应逐步构建“以政府为主导、企业为主体、社会组织和公众共同参与”的环境治理体系，改进环保投资的投融资方式，引导社会资本进入环保投资领域。二是以施工期环保投资为切入点，建立具有科学性、可量化、多层次的公路建设环保项目投资使用结构的优化流程。三是树立公路建设环保投资全程管理思维模式，统筹协调建设前期、施工期和运营期的管理手段，辅以国家政策、技术、经济等手段，提升公路建设项目实际效益。四是重视公路建设环保科技人才储备、技术研发，建立健全专业、高效的环保产业，助力提升公路建设环保投资的效益。

参考文献

[1] 杨睿.高速铁路建设项目区域环境影响综合评价及环境效益评判研究[D].北京:北京交通大学,2015.

[2] 史本杰,张兰怡,邱荣祖.公路交通噪声研究现状与展望[J].青岛理工大学学报,2017,38(2):111-116.

[3] 张杰.降低高速公路噪声污染的措施[J].北方交通,2019,312(4):92-94.

[4] 胡静怡.促进环保产业发展的财政研究[J].现代经济信息,2016,36:352-355.

[5] 吴世红.公路建设项目环保投资及其效益分析[D].西安:长安大学,2005.

[6] 国家统计局.中国统计年鉴(2018)[M].北京:中国统计出版社,2019.

[7] 国家统计局,国家环境保护总局.中国环境统计年鉴[M].北京:中国统计出版社,2008.

[8] 鲁焕生,高红贵.中国环保投资的现状及分析[J].中南财经政法大学学报,2004,6:87-90.

[9] 陈金雪.环境保护投资与经济增长的关系研究[J].科技经济市场,2019,8:62-64.

[10] 贾蕾,郑国峰.中美环保投资的对比研究及经验借鉴[J].环境与可持续发展,2014,6:86-88.

[11] 交通运输部,2001 年—2018 年交通运输行业发展统计公报[EB/OL].(2002-01-01)[2020-05-05]. http://www.mot.gov.cn/fenxigongbao/hangyegongbao/index.html,2002-01-01/2020-05-05.

[12] 徐顺青,逯元堂,陈鹏,等,我国环保投融资实践及发展趋势[J].生态经济,2020,1:165-169.

[13] 郭兰英.建设项目全生命环保投资混沌估算方法研究[D].石家庄:石家庄铁道学院,2010.

[14] 贺海萍.甘肃省公路发展中的环境与生态对策[D].西安:长安大学,2007.

[15] 周晶.基于建设项目分类的环境保护重点与对策研究[D].西安:长安大学,2008.

[16] 曹广华.公路建设项目全程环境管理技术方法体系研究[D].西安:长安大学,2006.

[17] 余乐,吴世红.公路建设项目环保投资的问题与对策[J].交通科技,2006,4:116-118.
[18] 董小林.公路建设项目全程环境管理体系研究[J].中国公路学报,2008,21(1):100-105.
[19] 王小东,白雪峰.公路建设项目环保投资的管理[J].黑龙江交通科技,2009,32(7):195-196.
[20] 贾玉军,迟雪辉.公路项目环保投资问题研究[J].绿色环保建材,2017,8:109,170.
[21] 龚睿.浅谈高速公路建设项目环保投资及其效益[J].企业导报,2014,17:18-19.
[22] 龚睿.高速公路施工期环保效果评价研究[D].长沙:长沙理工大学,2015.
[23] 王永胜.高速公路经济效益管理模式探讨[J].青海交通科技,2012,1:17-18.
[24] 高大林.高速公路建设项目环境效益评价研究[D].重庆:重庆交通大学,2016.
[25] 邵斐.高速公路对环境效益评价研究——以合徐高速为例[D].山东:山东科技大学,2018.
[26] 姚本伦,张丰焰.公路建设生态环境效益评价指标体系研究[J].中国勘察设计,2008,9:63-66.
[27] 周正祥,魏红倩,张海科,等.高速公路大气环境影响后评价指标体系及量化模型[J].公路与汽运,2007,5:124-127.
[28] 凌征武.高速公路环境影响后评价指标体系及量化模型研究[D].长沙:长沙理工大学,2007.
[29] 殷璐.高速公路建设项目环境效益评价研究[J].环境与可持续发展,2017,42(3):71-73.
[30] 牛国梁.建设项目环保投资测算方法研究[D].石家庄:石家庄铁道大学,2015.
[31] 刘妍娜.高速公路生态环境影响后评价指标体系及量化模型研究[D].长沙:长沙理工大学,2009.
[32] 金伟.高速公路经济效益与社会效益研究分析[J].科技经济市场,2016,4:35-36.

[33] 王涛,熊新竹,杨艳刚,等.重要生态敏感区高等级公路环境影响后评价保障体系研究[J].交通节能与环保,2018,66(4):37-42.

[34] 蔡月.HR 公路项目环境影响评价研究[D].哈尔滨:哈尔滨工程大学,2013.

[35] 王鹏龚.高速公路声环境影响后评价指标体系及量化模型研究[D].长沙:长沙理工大学,2010.

[36] 阮璐.高速公路水环境影响后评价指标体系及量化模型研究[D].长沙:长沙理工大学,2010.

[37] 李晋.公路建设项目环境影响经济损益分析方法研究[D].西安:长安大学,2010.

[38] 徐辉,韦斌杰,张大伟.环保投资占比最优化:基于生态效率的考量[J].中国环境科学,2019,39(8):3530-3538.

[39] 王习堪.我国环保投资现状剖析及优化对策探讨[J].科技展望,2016,26(26):314.

[40] 颉茂华,刘向伟,白牡丹.环保投资效率实证与政策建议[J].中国人口·资源与环境,2010,20(4):100-105.

[41] 侯铁军,虞卫国.公路项目环保投资问题研究[J].青海社会科学,2009,4:14-16.

[42] 陈鹏,逯元堂,陈海君,等.我国环境保护投融资渠道研究[J].生态经济,2015,31(7):148-151.

[43] 崔超.我国环保投资现状分析及优化对策分析[J].资源节约与环保,2015,12:130.